产教融合·职业创新能力新形态教材

大数据基础

主　审 ◎ 刘志成

主　编 ◎ 朱兴荣　唐　迈

副主编 ◎ 翦全武　高　宁　杨　立

电子工业出版社

Publishing House of Electronics Industry

北京·BEIJING

内 容 简 介

本教材立足"大数据"的时代背景,面向企业数字化转型升级对数字化人才的需求,坚持大数据通识教育核心理念,采用理论与实践相结合的方式,选取了六个项目,助力学生提升大数据分析相关的数字技能与数字素养,培养学生的大数据意识、大数据思维、大数据安全和大数据基本处理能力。

本教材根据企业大数据的实际应用和高职学生认知规律,选取了走进大数据、数据采集与预处理、数据存储与管理、数据分析与挖掘、数据可视化、数据安全与隐私保护六个项目,每个项目设计若干学习任务。通过采用"任务清单—知识必备—学习感悟—任务实训—任务评价"完整的学习闭环,构建"教、学、做、评"一体化教学模式。同时,为了便教利学,教材中通过二维码形式提供了微课视频、知识链接、在线测试等丰富的教学资源。

本教材主要服务于高等职业院校数字技能与数字素养技术技能型人才的培养,既可作为高等职业院校相关专业的大数据通识类课程教材,又可作为学习大数据的入门教材和参考书。

图书在版编目(CIP)数据

大数据基础 / 朱兴荣,唐迈主编. —北京:电子工业出版社,2023.9

ISBN 978-7-121-46420-1

Ⅰ. ①大… Ⅱ. ①朱… ②唐… Ⅲ. ①数据处理—高等职业教育—教材 Ⅳ. ①TP274

中国国家版本馆 CIP 数据核字(2023)第 179078 号

责任编辑:朱干支   特约编辑:田学清
印   刷:涿州市京南印刷厂
装   订:涿州市京南印刷厂
出版发行:电子工业出版社
        北京市海淀区万寿路 173 信箱   邮编:100036
开   本:787×1092   1/16   印张:12.25   字数:276 千字
版   次:2023 年 9 月第 1 版
印   次:2024 年 1 月第 2 次印刷
定   价:49.00 元

凡所购买电子工业出版社图书有缺损问题,请向购买书店调换。若书店售缺,请与本社发行部联系,联系及邮购电话:(010)88254888,88258888。

质量投诉请发邮件至 zlts@phei.com.cn,盗版侵权举报请发邮件至 dbqq@phei.com.cn。

本书咨询联系方式:(010)88254573,zgz@phei.com.cn。

前　言

当前，数字经济已经成为世界经济发展的主角之一，并进入高速增长的快车道。大数据已经成为各国政府和企业的重要战略资源，如何用好大数据为企业带来更大的经济效益是多数企业面临的巨大挑战，各级各类企业也急需改变数字基因缺失、数字化人才匮乏这一现状。

本教材立足"大数据"的时代背景，以党的二十大精神为指引，引领学生深入了解大数据领域基础知识，树立大数据思维意识，掌握大数据基本处理能力；本教材从爱国主义情怀、民族自信、社会责任、法治意识、安全意识、职业素养等方面着眼，以学生综合职业能力培养为中心，落实立德树人根本任务，满足新时期企业数字化转型对数字化人才的需求。

本教材为高职"大数据基础"课程的配套教材，为达成课程培养数字技能、提升数字素养的目标，深入实施"三教"改革，在教材内容、体例结构、教学理念、教学策略、教学资源应用等方面进行了创新。本教材的创新与特色如下。

（1）项目引领、任务驱动，实现"教、学、做、评"一体化。本教材以大数据的基础理论体系为依据，将教学内容分为六个项目，项目一介绍了大数据的基础知识，项目二至项目五按照"数据采集与预处理—数据存储与管理—数据分析与挖掘—数据可视化"的顺序引导学生深入了解和学习大数据工作流程。项目六介绍了大数据安全知识，帮助学生树立大数据安全意识。项目中的每个任务都采用"任务清单—知识必备—学习感悟—任务实训—任务评价"的设计思路，形成一个完整的学习闭环，真正做到了任务驱动，"教、学、做、评"一体化。

（2）校企合作、课程思政，实现"知识、能力、素质"教学一体化。在本教材的编写过程中与北京博导前程信息技术股份有限公司等企业进行了深度合作，内容来源于企业的大数据应用的实际要求。在教学项目的实施过程中，巧妙地融入课程思政。例如，项目二注重专业伦理教育、遵纪守法教育，项目四注重培养学生的辩证法思维及利用客观数据进行缘事析理的能力，实现数字素养与思想政治素养并重，知识传授、能力培养与价值引领的课程目标。

（3）资源丰富、便教利学，实现各类教学资源一体化。本教材配有教学课件、教案、课程标准、课堂任务实训题、课后复习巩固题、期末测试题、实训素材等教学资源，需要者可以登录华信教育资源网（www.hxedu.com.cn）获取。为了便教利学，满足新时代对知识学习的新要求，教材中通过二维码形式提供了微课视频、知识链接、在线测试等资源，学生扫码即可获得；同时，本教材配套有在线开放课程，需要者可以登录"智慧职教"平台使用。

本教材由朱兴荣、唐迈担任主编，并负责教材编写大纲与教材体例的规划，以及教材编写与统筹等工作；由翦全武、高宁、杨立担任副主编，并负责教材编写及微课、视频、课件、题库等教学资源的筹划等。具体教材编写分工如下：项目一和项目四由朱兴荣、杨立共同编写，项目二和项目五由唐迈、高宁共同编写，项目三和项目六由朱兴荣、翦全武共同编写，教材由朱兴荣负责统稿。全书由刘志成担任主审。

本教材在编写过程中得到了湖南铁道职业技术学院、湖南化工职业技术学院、湖南有色金属职业技术学院、湖南铁路科技职业技术学院、北京博导前程信息技术股份有限公司、帆软软件有限公司等的大力支持，并借鉴、参考了部分国内外的信息与文献资料，在此一一表示感谢！

由于时间仓促及编者水平有限，教材中难免存在疏漏与不妥之处，恳请广大读者批评指正。

编者

目录

项目 一

走进大数据

大数据时代的悄然来临，带来了信息技术发展的巨大变革，并深刻影响着社会生产和人们生活的方方面面。对一个国家来说，能否紧紧抓住大数据发展机遇，快速形成核心技术和应用，参与新一轮的全球化竞争，是非常关键的。世界各国政府纷纷把大数据上升为国家战略并重点推进。大数据已经不是"镜中花、水中月"，它的影响力和作用力正迅速触及社会的每个角落。

什么是大数据呢？本项目将带领你走进大数据，认识大数据，认知大数据等新一代信息技术，洞悉大数据的思维方式和工作流程，探究大数据的影响。

学习目标

知识目标	1. 理解数据、大数据的基本概念，掌握数据类型、大数据的特征； 2. 了解云计算、物联网、人工智能的基本概念，以及它们与大数据的关系； 3. 掌握大数据的思维模式和工作流程； 4. 理解大数据对社会生产和人们生活带来的影响
能力目标	1. 能够运用大数据的基础知识，做好数据分析的准备工作； 2. 能够对大数据的思维模式和工作方式有基本的认知； 3. 能够对新一代信息技术、数字经济等概念有较为准确的认知
素质目标	1. 养成用数据思维看待问题的习惯； 2. 养成对事物分析客观、敏感的职业思维方式
思政目标	1. 认知大数据的基本概念，透过现象看本质，树立正确的价值观； 2. 认知我国新一代信息技术的发展情况和发展战略，树立爱国主义情怀和民族自豪感； 3. 洞悉大数据思维方式，警惕大数据思维陷阱，培养创新意识，做新思维智者； 4. 探究大数据的影响，知道国家需要什么样的人才，树立正确的职业观

思维导图

```
                                          ┌─ 什么是数据
                            认识大数据 ────┤─ 数据的类型
                                          ├─ 什么是大数据
                                          └─ 大数据特征

                                                          ┌─ 云计算
                            认知大数据等新一代信息技术 ────┤─ 物联网
                                                          ├─ 人工智能
                                                          └─ 新一代信息技术之间的关系
  走进大数据 ───┤
                                                          ┌─ 传统思维方式
                            洞悉大数据的思维方式和工作流程 ─┤─ 大数据思维方式
                                                          ├─ 大数据思维方式的启示
                                                          ├─ 警惕大数据思维的陷阱
                                                          └─ 大数据工作流程

                                          ┌─ 大数据对科学研究的影响
                            探究大数据的影响 ──┤─ 大数据对社会发展的影响
                                             ├─ 大数据对就业市场的影响
                                             └─ 大数据对人才培养的影响
```

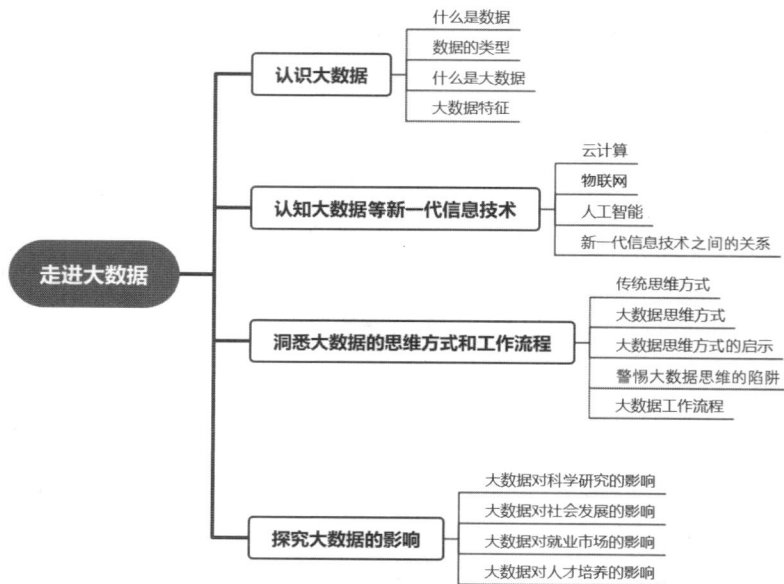

任务一　认识大数据

任务清单

工作任务	认识大数据	教学模式	任务驱动
建议学时	2 课时	教学地点	多媒体教室
任务描述	随着信息技术的迅猛发展，"大数据"已经成为互联网信息技术行业的流行词汇，如"大数据推荐""大数据驱动""大数据杀熟"等。那么，什么是大数据，它与传统的数据有何区别，这个大数据的"大"具体体现在哪些方面呢？对初学者来说，要想深入了解大数据，就必须从熟悉数据、认识大数据的基本概念和特征开始。于是，小王开始了认识大数据之旅		
任务目标	<ul><li>了解数据的概念；</li><li>理解传统数据、信息、知识的区别；</li><li>掌握数据分类中的结构化数据、非结构化数据、半结构化数据的基本定义；</li><li>掌握大数据的基本概念</li></ul>		

续表

任务目标	● 掌握大数据的 4V 特征； ● 能进行结构化数据、非结构化数据、半结构化数据的识别； ● 能对大数据规模进行基本的判断； ● 能通过大数据基本特征分析，透过现象看本质，看到大数据的价值； ● 初步养成大数据意识
关键词	数据、结构化数据、非结构化数据、半结构化数据、大数据、大数据 4V 特征

▍知识必备

一、什么是数据

微课视频 1：
数据概念与数
据类型

在认识大数据之前，首先我们要明白什么是数据。

传统意义上的数据是指有根据的数字，数字之所以产生，是因为人类在实践中发现，仅仅用语言、文字和图形来描述这个世界是不精确的，也是远远不够的。

例如，有人问"珠穆朗玛峰有多高？"，如果回答说"很高""非常高""最高"，别人听了，只能获得一个抽象的印象，因为每个人对"很""非常"有不同的理解，"最"也是相对的，但如果回答说"海拔 8848.86m"，就一清二楚了。

除了描述世界，数据还是我们改造世界的重要工具。人类的一切生产、交换活动，可以说都是以数据为基础展开的，如度量衡、货币的背后都是数据，它们的发明和出现都极大地推动了人类文明的进步。

数据最早来源于测量，所谓有根据的数字，是指数据对客观世界测量结果的记录，而不是随意产生的。除了测量，新数据还可以由老数据经计算衍生而来。测量和计算都是人为的，也就是说，世上本没有数据，一切数据都是人为的产物。我们说的"原始数据"中的"原始"并不是"原始森林"这个意义上的"原始"，"原始森林"中的"原始"是指天然就存在的，而"原始数据"中的"原始"仅仅是指第一手的、没有经过人为修改的。

传统意义上的数据与信息、知识是完全不同的概念。数据是指对客观事件进行记录并可以鉴别的符号，是对客观事物的性质、状态及相互关系等进行记载的物理符号或这些物理符号的组合，是构成信息或知识的原始材料。数据是信息的载体，信息是有背景的数据，而知识是经过人类的归纳和整理，最终呈现规律的信息。传统意义上的数据、信息和知识的关系如图 1-1 所示。

图 1-1　传统意义上的数据、信息和知识的关系

进入信息时代以后,"数据"二字的内涵逐渐扩大,不仅指"有根据的数字",还统指一切保存在计算机中的信息,包括文本、图片、视频等。究其原因,20 世纪 60 年代软件科学取得了巨大进步,发明了数据库。此后,数字、文本、图片都不加区分地保存在计算机的数据库中,数据也逐渐成为数字、文本、图片、视频等的统称,即信息的代名词。

文本、音频、视频本身就是信息,而且其来源也不是对世界的测量,而是对世界的一种记录,所以信息时代的数据又多了一个来源:记录。在信息时代,数据成为信息的代名词,两者可以交替使用。一封邮件虽然包含很多信息,但从技术的角度出发,可能还是"一个数据",就此而言,现代意义上的数据的范畴其实比信息更大。

二、数据的类型

随着数据的内涵越来越广泛,数据的范畴在不断增大,使得数据的类型更加丰富多样,已经不拘泥于传统意义上的数据划分的类型,如文本、图片、音频、视频等。随着计算机和互联网应用的发展,出现了表格数据、HTML 网页文件、XML 文件、RDF(Resource Description Framework,资源描述框架)数据、文本数据、图(社交网络)数据、多媒体数据(音频、视频、图像)等。目前,人们在数据应用处理中一般按照数据结构属性把它分为结构化数据、非结构化数据和半结构化数据等类型。

(一)结构化数据

结构化数据是高度组织和整齐格式化的数据。结构化数据是可以轻易放入表格和电子表格中的数据类型,表现为二维形式的数据,如表 1-1 所示的学生基本信息表。结构化数据的一般特点如下:结构化数据以行为单位,一行数据表示一个实体的信息,每一行数据的属性是相同的;结构化数据的存储和排列是有规律的,这对进行查询和修改等操作的帮助很大,有利于人们更加容易地使用它;同时,结构化数据被称为定量数据,是能够用数据或统一的结构加以表示的信息,如数字、符号等。

表 1-1　学生基本信息表

序号	姓名	年龄	性别
1	小明	13	男
2	小丽	15	女
3	小张	17	男

结构化数据适合用关系型数据库表示和存储。它代表了我们传统上最熟悉的企业业务数据，如企业 ERP、财务系统、HR 数据库等。关系型数据库怎么来表示和存储数据将在项目三中进行描述。

（二）非结构化数据

非结构化数据是指数据结构不规则或不完整、没有预定义的数据模型，不方便用数据库二维逻辑表来表现的数据。它不符合任何预定义的模型，因此它存储在非关系型数据库中，并使用 NoSQL 进行查询。它可能是文本的或非文本的，也可能是人为的或机器生成的。简单地说，非结构化数据就是字段可变的数据。随着互联网的发展和 Web 2.0 的兴起，非结构化数据迅速增加，目前人类社会产生的数字内容中有 90%为非结构化数据。非结构化数据已构成了网络上绝大多数的可用数据，如网络上的文本、音频、视频、网页等都是非结构化数据。随着新兴技术的发展，行业对非结构化数据的重视程度得到提高。例如，物联网、工业 4.0、视频直播产生了更多的非结构化数据。又如，人工智能、机器学习、语义分析、图像识别等技术需要大量的非结构化数据来开展工作。

非结构化数据可应用到不同的场景中，如医疗影像系统、教育视频点播、视频监控、国土 GIS、设计院、文件服务器（PDM、FTP）、媒体资源管理等。

（三）半结构化数据

半结构化数据是结构化数据的一种形式，它并不符合关系型数据库或其他数据表的形式关联起来的数据模型结构，但包含相关标记，用来分隔语义元素及对记录和字段进行分层。简单地说，半结构化数据是非关系型模型的、有基本固定结构模式的数据，也被称为自描述的结构数据。半结构化数据，属于同一类实体可以有不同的属性，即使它们被组合在一起，这些属性的顺序也不重要。

常见的半结构化数据有日志文件、XML 文档、JSON 文档、E-mail 等，其典型应用场景有邮件系统、Web 集群、教学资源库、数据挖掘系统、档案系统等。

想一想：

你日常接触到的数据中有哪些是结构化数据，哪些是非结构化数据，又有哪些是半结构化数据？

三、什么是大数据

信息社会，数据的内涵在扩大，数据的总量也在不断增加，而且增加的速度不断加快。20 世纪 80 年代，美国就有人提出了"大数据"的概念。这

微课视频 2：大数据概念及大数据特征

5

个时候，其实还没有进入数据大爆炸时代，但有人预见，随着信息技术的进步，软件的重要性将下降，数据的重要性将上升，因此提出"大数据"的概念。这时候的"大"，同"大人物"和"大转折"的"大"一样，主要指价值上的重要性。

在21世纪初期，尤其是2004年社交媒体产生之后，数据开始爆炸，大数据的概念又重新进入大众的视野并获得了更多的关注。这个时候"大"的含义更加丰富：一是指容量大；二是指价值大。从这个角度出发，大数据可以首先理解为传统的小数据加上现代的大记录，这种大记录的主要表现形式是文本、图片、音频、视频等，和传统的测量完全是两回事。而且大数据之所以大，主要是大记录的增长，基于信息技术的进步，人类记录的范围在不断扩大：大数据=传统的小数据+现代的大记录。

关于大数据的确切定义，不同组织从不同角度给出了不同的定义。

全球领先的管理咨询公司麦肯锡给出的大数据定义是，"一种规模大到在获取、存储、管理、分析方面大大超出了传统数据库软件工具能力范围的数据集合，具有海量的数据规模、快速的数据流转、多样的数据类型和价值密度低这四大特征"。

著名研究机构高德纳咨询公司（Gartner）给出的定义是，"大数据是需要新处理模式才能具有更强的决策力、洞察发现力和流程优化能力来适应海量、高增长率和多样化的信息资产"。

全球最大的互联网数据中心（Internet Data Center，IDC）侧重从技术角度说明其概念："大数据处理技术代表了新一代的技术架构，这种架构通过高速获取数据并对其进行分析和挖掘，从海量且形式各异的数据源中更有效地抽取出富含价值的信息。"

综合各种观点，大数据的定义是指无法在一定时间内用常规软件工具对其内容进行抓取、管理和处理的数据集合。大数据是原有的存储模式和计算模式与能力不能满足存储与处理现有数据集合规模这一现状而产生的相对概念。大数据技术也是新一代信息技术架构的典型代表。

四、大数据特征

目前，大数据已经成为互联网信息技术行业的流行词汇，针对大数据的特征有多种概括总结，其中认可度最高的是关于大数据的4V特征说法，4V分别指Volume（大量）、Variety（多样）、Velocity（高速）、Value（价值）。

（一）数据规模大

大数据到底有多大？或者说到底多大才算大呢？2000年，一般认为"太"（T）级别的数据就是大数据。当时，只有少数企业拥有这种级别的数据。然而，随着互联网企业的崛起，情况发生了变化，这些企业开始积累各种各样的数据，其中大部分是文本、图片和视频。这些数据的规模之大，传统企业根本无法望其项背。大数据的存储单位从过去的 GB 到 TB，乃至现在的 PB、EB。我们目前购买的计算机硬盘通常是 1TB 容量，1TB 容量的硬盘大约可以存储 20 万张照片或 20 万首 MP3 音乐或 631903 部《红楼梦》小说。1PB 容量的硬盘大约可以存储 2 亿张照片或 2 亿首 MP3 音乐，如果一个人不停地听这些音乐，可以听上千年。关于数据存储单位的换算将在项目三中介绍。

大数据的大不仅体现在量大，还体现在增长速度上。随着信息技术的高速发展，数据呈爆发式增长。社交网络（微博等）、移动网络、各种智能工具、服务工具等，都成为数据的来源。根据腾讯 2022 年财报显示，截至 2022 年 12 月 31 日，微信及 WeChat 的合并月活跃账户数超过 13.1 亿，QQ 的移动终端月活跃账户数超过 5.7 亿，两者单日新增数据超过数百太字节；微博的月活跃用户为 5.86 亿个，单日新增数据也将超过 50TB。根据互联网数据中心做出的估测，近年来数据一直都在以每年 50% 的速度增长，也就是说，每两年就增长一倍，人类在最近两年产生的数据量相当于之前产生的全部数据量。由于数据的快速增长，我们迫切需要智能的算法、强大的数据处理平台和新的数据处理技术来统计、分析、预测和实时处理如此大规模的数据。

（二）类型多样

随着互联网的高速发展和各类应用的普及，带来了广泛的数据来源，这决定了大数据的多样性。大数据涉及的类型不仅有结构化数据，还有大量非结构化数据、半结构化数据。任何类型的数据都可以产生作用，目前应用最广泛的就是推荐系统，如淘宝、网易云音乐、今日头条等平台都会通过对用户的日志数据进行分析，进而推荐用户喜欢的内容，这种日志数据是结构化明显的数据。还有一些数据的结构化不明显，如图片、音频、视频等，这些数据因果关系弱，具有异构性和多样性的特点，没有明显的模式，也没有连贯的语法和语义，需要人工对其进行标注。目前，非结构化数据占数据总增长量的 90% 左右，比结构化数据的增长速度快 10 倍到 50 倍。类型多样的数据对数据处理能力提出了更高的要求。

（三）处理速度快

这里的速度不仅指与数据存储相关的增长速度，还包括数据流动的速度、数据处理的速度。大数据的产生非常迅速，主要通过互联网传输。而在生活中，每个人都离不开互联网，也就是说，每个人每天都产生了大量的数据，并且这些数据是需要及时处理的。由于花费大量资本去存储作用较小的历史数据是非常不划算的，因此对一个平台而言，只会保存过去几天或一个月之内的数据，时间再久的数据就要及时清理，不然代价太大。基于这种情况，大数据对处理速度有非常严格的要求，服务器中大量的资源都用于处理和计算数据，甚至很多平台还需要做到实时分析。平常所说的"1 秒定律"就是指要在秒级时间范围内给出分析结果。数据无时无刻不在产生，谁的处理速度更快，谁就有优势。处理速度快是大数据非常重要的一个特性，也是大数据区分于传统数据挖掘的最显著特征。没有快速的处理能力，数据的体量再大、种类再多、价值再高也无济于事。

知识链接：大数据处理的"1秒定律"

（四）价值密度低

大数据虽然看起来很美，但是在现实世界所产生的数据中，有价值的数据所占比例很小，它的价值密度远远低于传统关系型数据库中已有的数据。以视频监控系统为例，在常年24小时不间断的视频监控过程中，可能有价值的数据只有几秒，可是为了这短短的几秒，我们不得不投入大量资金购买监控设备、网络设备、存储设备，耗费大量的电能和存储空间来保存摄像头拍摄到的监控数据。在大数据时代，很多有价值的信息都是分散在海量数据中的。为了从这些海量数据中获取有价值的信息和做出数据驱动的决策，专业人员需要根据各自行业的需求，通过特定的技术手段和研究方法，在海量的价值密度极低的数据海洋里找到合适的数据集合，通过具体可行的数据分析和挖掘方法来得到可以利用的价值密度高的数据，促进低密度数据的高价值信息提取，发现新规律和新知识，并运用于农业、金融、医疗等各个领域，最终达到改善社会治理、提高生产效率、推进科学研究的效果。

学习感悟

大数据的"大"首先体现在规模大、发展快、类型多，但大容量只是表象，价值才是本质，而且大容量并不一定代表大价值。数据的价值含量、挖掘成本比数量的大更为重要。价值主要是通过数据的整合、分析和开放而获得，并且这种整合和分析必须能够快速处理、实时分析，这样才能凸显其价值。"走进大数据"是让大数据创造大价值，以价值为目标，这样才不会被表象的"大"迷惑，才能透过表象看到本质，拥有方向感。

任务实训

1．在线测试：认识大数据。

2．假设你在运营一个微博账号，那么微博账号中的数据有哪些是结构化数据，哪些是半结构化数据，哪些是非结构化数据呢？

3．总结分析大数据与传统数据的不同点。

任务评价

评价类目	评价内容及标准	分值	自己评分	小组评分	教师评分
学习态度	✓ 全勤（5分） ✓ 遵守课堂纪律（5分）	10分			
学习过程	➤ 能够说出本任务的学习目标，上课积极回答问题（5分） ➤ 能够回答传统数据、信息、知识的区别，理解数据内涵的变化过程（5分） ➤ 能够按数据结构属性区分结构化数据、非结构化数据、半结构化数据（5分） ➤ 能够回答大数据的基本特征（5分）	20分			
学习结果	◆ "在线测试"选择题和判断题考评（3分×10=30分） ◆ 针对工作场所中数据类型判断的考评（20分） ◆ 描述大数据与传统数据的不同点的考评（20分）	70分			
合　计		100分			
所占比例		—	30%	30%	40%
综合评分					

任务二　认知大数据等新一代信息技术

任务清单

工作任务	认识大数据等新一代信息技术	教学模式	任务驱动
建议学时	2课时	教学地点	多媒体教室
任务描述	大数据定义中提到，从技术角度来看，大数据技术代表了新一代的信息技术架构。伴随大数据技术发展的有人工智能、物联网、移动互联网、云计算等，也就是人们俗称的"大智物移云"，它们一起被认为是新一代信息技术代表。这些新一代信息技术有什么区别，相互之间又是一种什么样的关系呢？小王继续开展他的探索之旅		
任务目标	● 理解云计算、物联网、人工智能的基本概念； ● 熟悉云计算的基本类型； ● 了解物联网和人工智能的关键技术		

续表

任务目标	• 了解云计算、物联网、人工智能的应用场景； • 掌握大数据、云计算、物联网、互联网、人工智能的相互关系； • 能区分云计算、物联网、大数据、人工智能的工作特点； • 学会思考大数据技术在各个领域的应用潜能和发展前景； • 养成对新事物、新技术敏感和探索的习惯； • 具备迅速适应大数据等新一代信息技术的创新能力； • 了解我国大数据等新一代技术的应用发展情况、发展战略，树立爱国主义情怀和民族自豪感，培养勤奋学习、拼搏的精神
关键词	新一代信息技术、大数据、云计算、物联网、人工智能、移动互联网

知识必备

目前，我们进入了一个计算无处不在、软件定义一切、网络包容万物、连接随手可及、智慧点亮未来的时代，也是人们所称的"大智物移云"（大数据、人工智能、物联网、移动互联网、云计算）时代。"大智物移云"是新一代信息技术的典型代表，走进大数据，必须认识与大数据密切相关的新一代信息技术，以及它们之间的相互关系。

一、云计算

（一）云计算概念

云计算（Cloud Computing）就是以互联网为中心，在网站上提供快速且安全的云计算服务与数据存储功能，让每一个使用互联网的人都可以使用网络上庞大的计算资源与数据中心。狭义上讲，云计算就是一种提供资源的网络，使用者可以随时获取"云"上的资源，按需使用，并且可以看成是无限扩展的，只要按使用量付费就可以了，"云"就像自来水厂一样，我们可以随时接水，并且不限量，只需要按照自己家的用水量，付费给自来水厂即可；广义上讲，云计算是与信息技术、软件、互联网相关的一种服务，这种计算资源共享池叫作"云"，云计算把许多计算资源集合起来，通过软件实现自动化管理，只需要很少的人参与，就能让资源被快速提供。也就是说，计算能力作为一种商品，可以在互联网上流通，就像水、电、煤气一样，可以方便地被取用，且价格较为低廉。

微课视频 3：云计算

（二）云计算类型

云计算作为发展中的概念，尚未有全球统一的标准分类。根据目前业界基本达成的共识，可以按运营模式和服务模式分类。

1. 按运营模式分类

云计算在很大程度上是从作为内部解决方案的私有云发展而来的。数据中心最早的探索是为了满足内部应用的需求，因此开始研究具有虚拟、动态、实时分享等特点的技术。但随着技术的发展和商业的需求，逐步考虑对外租售计算能力形成公共云。因此，从部署类型或从云的归属来看，云计算主要分为私有云、公共云和混合云三种形态。

1）公有云

公有云面向所有用户提供服务。公有云的云计算服务由第三方提供商完全承载和管理，为用户提供价格合理的计算资源访问服务，用户无须购买软件、硬件，只需要为其使用的资源付租赁费。目前提供公有云服务的主要有阿里云、华为云、腾讯云、百度智能云、Amazon、Google 等。它的优点是用户投入成本低，但数据安全低于私有云。

2）私有云

私有云是为了一个客户单独使用而构建的云，所有的计算资源只面向其开放。比如，大型国企出于安全考虑需要单独建设云环境，那么它构建云的软硬件设施都是单独采购的。私有云投入成本高，但可充分保障虚拟私有化网络安全。目前推广的"国资云"就是私有云，"国资云"的推广预示着党政及国企未来将坚持私有云技术路线。

3）混合云

混合云是公有云和私有云两种方式相结合，希望能被所有用户访问的数据存储在公有云，需要安全保密的数据存储在私有云。出于安全和控制的考虑，企业更愿意将数据存储在私有云中，但是同时希望可以获得公有云的计算资源。在这种情况下，混合云被越来越多地采用，以达到既省钱又安全的目的。但混合云也不是完全没有缺点的，它在数据冗余、公私协调等方面仍旧存在安全问题。

2. 按服务模式分类

云计算的服务模式主要分为基础设施即服务（Infrastructure as a Service，IaaS）、平台即服务（Platform as a Service，PaaS）、软件即服务（Software as a Service，SaaS），分别为客户提供构建云计算的基础设施、云计算操作系统、云计算环境下的软件和应用服务。

1）基础设施即服务

云服务提供商先把 IT 系统的基础设施建设好，主要包括 CPU（计算资源）、硬盘（存储资源）、网卡（网络资源）等，再直接对外出租硬件服务器、虚拟主机、存储或网络设施等，相当于裸机出租。

2）平台即服务

云服务提供商先把基础设施层和平台软件层都搭建好，再在平台软件层上划分"小块"，并对外出租，它比基础设施即服务要高级一些，相当于在裸机的基础上加上操作系统和数据库软件。

3）软件即服务

云服务提供商把 IT 系统的应用软件层作为服务出租出去，而消费者可以通过任何云终端设备接入计算机网络，使用云端的应用程序，相当于用户直接拥有了一台安装了自己需要的应用程序的计算机。这样即使自己的终端设备被损坏，数据也不会丢失，因为数据都在云端。

（三）云计算应用

随着云计算技术的不断发展，在存储、医疗、金融、教育等领域的应用不断深化，也相继产生了存储云、医疗云、金融云和教育云等，它们对促进产业的发展起到了关键性的作用。存储云是一个以数据存储和管理为核心的云计算系统，用户可以先将本地的资源上传至云端，再在任何地方连入互联网来获取云上的资源，如大家熟知的百度云和微云就是国内市场占有量最大的存储云。医疗云是指使用云计算来创建医疗健康服务云平台，实现了医疗资源的共享和医疗范围的扩大，如现在医院的预约挂号、电子病历、医保等都是云计算与医疗领域结合的产物。金融云旨在为银行、保险和基金等金融机构提供互联网处理和运行服务，同时共享互联网资源，从而解决现有问题并达到高效、低成本的目标，如现在普及的快捷支付就是金融与云计算的结合。教育云可以将所需要的任何教育硬件资源虚拟化，并将其传入互联网中，以向教育机构、学生、老师提供一个方便快捷的平台，如现在流行的慕课（MOOC，大规模开放的在线课程）就是教育云的一种应用。

知识链接：我国云计算市场规模和发展机遇

二、物联网

（一）物联网概念

物联网（Internet of Things，IoT）即"物物相连的互联网"。这里面包含两层意思：第一，物联网的核心和基础仍然是互联网，是在互联网基础上延伸和扩展的网络；第二，其用户端延伸和扩展到了任何物品与物品之间，进行信息交换和通信。物联网通过信息传感器、射频识别技术、全球定位系统、红外感应器、激光扫描器等各种装置与技术，实时采集任何

微课视频 4：物联网

需要监控、连接、互动的物体或过程，采集声、光、热、电、力学、化学、生物、位置等各种需要的信息，通过各类可能的网络接入，实现任何时间、任何地点，人、机、物的互联互通。

（二）物联网关键技术

物联网也是近几年的热门话题，特别是在智慧城市、智慧交通、智慧农业等领域，均取得了巨大成就。为了推动物联网产业更好地发展，一些关键技术有待进一步提高。

1. 射频识别技术

射频识别（Radio Frequency Identification，RFID）技术是一种通信技术，可通过无线电信号识别特定目标并读写相关数据，而无须在识别系统与特定目标之间建立机械或光学接触。它相当于物联网的"嘴巴"，负责让物体"说话"。RFID 技术主要的表现形式是 RFID 标签，它具有抗干扰性强（不受恶劣环境的影响）、识别速度快（一般情况下小于 100ms 即可完成识别）、安全性高（所有标签数据都会有密码加密）、数据容量大（可扩充到 10KB）等优点。其产品主要工作频率包括低频、高频和超高频。

RFID 技术目前在许多方面都有应用，如仓库物资、物流信息追踪、医疗信息追踪、固定资产信息追踪。该技术发展的难点在最佳工作频率的选择和机密性的保护等方面，特别是超高频频段技术的应用还不够广泛，技术不够成熟，相关产品价格昂贵，稳定性不高，国际上也没有统一的标准。

2. 传感器技术

传感器是能感受规定的被测量，如温度、湿度、电压和电流，并按照一定的规律转换成可用输出信号的器件或装置。它相当于物联网的"耳朵"，负责接收物体"说话"的内容。传感器技术可应用于生活中空调制冷剂液位的精确控制、数字医疗捕捉电压信号等。

传感器技术的难点在于恶劣环境的考验，当受到自然环境中温度等因素的影响时，会引起传感器零点漂移和灵敏度的变化。同时，传感器的安装需要考虑如何克服横向力等问题。

3. 无线网络技术

当物体与物体"交流"的时候，需要高速、可进行大批量数据传输的无线网络。无线网络的传输速率决定了设备连接的速度和稳定性。若无线网络的传输速率太低，就会出现设备反应滞后或连接失败等问题。随着通信市场 5G 网络的盛行，物联网的发展也会因其而得到更大的突破。

4. 数据挖掘和融合技术

物联网中存在大量数据来源、各种异构网络和不同类型的系统，如此大量的不同类型的数据，如何实现有效整合、处理和挖掘，是物理网处理层需要解决的关键技术问题。而云计算和大数据技术的出现为物联网存储、处理和分析数据提供了强大的技术支撑。海量物联网数据可以借助庞大的云计算基础设施实现廉价存储，利用大数据技术实现快速处理和分析，满足各种实际应用的需求。

（三）物联网应用

物联网的应用领域涉及方方面面，如智慧交通，通过对道路交通状况进行实时监控，并将信息通过网络及时传递给驾驶人，让驾驶人及时做出出行调整，有效缓解了交通压力；智能家具，当家中无人时，用户可利用手机等产品客户端远程操作智能空调，调节室温，使其在炎炎夏日回家就能享受到凉爽带来的惬意；智慧农业，通过物联网技术在现代农业领域的应用可以实现农业种植中的自动调温、施肥、灌溉等；在国防军事领域，物联网带来的影响也不可小觑，大到卫星、导弹、飞机、潜艇等装备系统，小到单兵作战装备，都有效提升了军事智能化、信息化、精准化。

想一想：

你身边有哪些物联网应用案例？

三、人工智能

（一）人工智能概念

人工智能（Artificial Intelligence，AI）是研究、开发用于模拟、延伸和扩展人的智能的理论、方法、技术及应用系统的一门新的技术科学。

微课视频 5：
人工智能

人工智能是一个很宽泛的概念，概括而言是对人的意识和思维过程的模拟，利用机器学习和数据分析方法赋予机器人类的能力。美国麻省理工学院的温斯顿教授认为，"人工智能就是研究如何使计算机去做过去只有人才能做的智能工作"。这种说法反映了人工智能的基本思想和基本内容。人工智能是计算机科学的一个分支，该领域的研究包括机器人、语言识别、图像识别、自然语言处理和专家系统等。

（二）人工智能关键技术

人工智能技术关系到人工智能产品是否可以顺利应用到人们的日常生活场景中。在人工智能领域，它普遍包含了机器学习、知识图谱、自然语言处理、人机交互、计算机视觉、生物特征识别、虚拟现实（Virtual Reality，VR）和增强现实（Augmented Reality，AR）七个关键技术。

1. 机器学习

机器学习是一门涉及统计学、系统辨识、逼近理论、神经网络、优化理论、计算机科学和脑科学等诸多领域的交叉学科。研究计算机怎样模拟或实现人类的学习行为，以获取新的知识或技能，重新组织已有的知识结构，使之不断改善自身的性能，是人工智能技术的核心。基于数据的机器学习是现代智能技术中的重要方法之一，研究从观测数据（样本）

出发寻找规律，利用这些规律对未来数据或无法观测的数据进行预测。根据学习模式将机器学习分为监督学习、非监督学习和强化学习等。

2. 知识图谱

知识图谱本质上是结构化的语义知识库，是一种由节点和边组成的图数据结构，以符号形式描述物理世界中的概念及其相互关系，其基本组成单位是"实体—关系—实体"三元组和实体及其相关"属性—值"对。不同实体之间通过关系相互连接构成网状的知识结构。在知识图谱中，每个节点表示现实世界的实体，每条边为实体与实体之间的关系。通俗地讲，知识图谱就是把所有不同种类的信息连接在一起而得到的一个关系网络，提供了从关系角度去分析问题的能力。

知识图谱可用于反欺诈、不一致性验证、组团欺诈等公共安全保障领域，需要用到异常分析、静态分析、动态分析等数据挖掘方法。知识图谱在搜索引擎、可视化展示和精准营销方面有很大的优势，已成为业界的热门工具。

3. 自然语言处理

自然语言处理是计算机科学领域与人工智能领域中的一个重要方向，研究能实现人与计算机之间用自然语言进行有效通信的各种理论和方法，其涉及的领域较多，主要包括机器翻译、机器阅读理解和问答系统等。

4. 人机交互

人机交互主要研究人和计算机之间的信息交换，主要包括"人—计算机"和"计算机—人"两部分的信息交换，是人工智能领域重要的外围技术。人机交互是与认知心理学、人机工程学、多媒体技术、虚拟现实技术等密切相关的综合学科。传统的人与计算机之间的信息交换主要依靠交互设备进行，包括键盘、鼠标、操纵杆、数据服装、眼动跟踪器、位置跟踪器、数据手套、压力笔等输入设备，以及打印机、绘图仪、显示器、头盔式显示器、音箱等输出设备。除了传统的基本交互和图形交互，人机交互技术还包括语音交互、情感交互、体感交互及脑机交互等。

5. 计算机视觉

计算机视觉是使用计算机模仿人类视觉系统的科学，让计算机拥有类似人类提取、处理、理解和分析图像及图像序列的能力。更进一步说，就是先利用摄影机等视觉传感装置代替人眼对目标进行识别、跟踪和测量，再由计算机处理这些视觉信息，从而达到像人眼一样对事物进行感知和认知。自动驾驶、机器人、智能医疗等领域均需要通过计算机视觉技术从视觉信号中提取并处理信息。根据需要解决的问题，计算机视觉可分为计算成像学、图像理解、三维视觉、动态视觉和视频编解码五大类。

6. 生物特征识别

生物特征识别技术是指通过个体生理特征或行为特征对个体身份进行识别认证的技术，从应用流程来看，生物特征识别通常分为注册和识别两个阶段。在注册阶段，通过传感器对人体的生物表征信息进行采集，如利用图像传感器对指纹和人脸等光学信息、麦克风对说话声等声学信息进行采集，利用数据预处理及特征提取技术对采集的数据进行处理，得到相应的特征并进行存储。在识别阶段，先采用与注册过程一致的信息采集方式对待识别人进行信息采集、数据预处理和特征提取，再将提取的特征与存储的特征进行比对分析，完成识别。

生物特征识别技术涉及的内容十分广泛，包括指纹、掌纹、人脸、虹膜、指静脉、声纹和步态等多种生物特征，其识别过程涉及图像处理、计算机视觉、语音识别、机器学习等多项技术。目前，生物特征识别技术作为重要的智能化身份认证技术，在金融、公共安全、教育、交通等领域得到广泛的应用。

7. VR 和 AR

VR 和 AR 是以计算机为核心的新型视听技术，其结合相关科学技术，在一定范围内生成与真实环境在视觉、听觉、触感等方面高度近似的数字化环境。用户借助必要的装备与数字化环境中的对象进行交互，相互影响，获得近似真实环境的感受和体验，其需要通过显示设备、跟踪定位设备、触力觉交互设备、数据获取设备、专用芯片等实现。

VR 和 AR 的技术重点是研究符合人类习惯的数字内容的各种显示技术及交互方法，以期提高人类对复杂信息的认知能力，其难点在于建立自然和谐的人机交互环境。

（三）人工智能应用

人工智能与行业领域的深度融合将改变甚至重塑传统行业。人工智能已经被广泛应用于家居、教育、医疗、外语翻译、交通、商业零售等多个方面，并日益发挥着不可替代的作用。

在家居方面，最常见的人工智能就是扫地机器人，其配有电动的抽风机，能够通过快速旋转形成内外气压差，使垃圾顺着气流被吸入。现在的扫地机器人还增加了导航和障碍识别系统，让其不会到处乱撞，避免碰到家具。

在教育方面，老师能够通过人工智能技术对试卷进行扫描，识别出卷面文字等，对试卷进行评分、核分等。除此以外，学生还可以通过人工智能技术对不会做的习题进行扫描，搜索出想要的解题答案。

在医疗方面，医生在人工智能的辅助下更加快速、准确地得出诊断结果，寻找合适的诊治方案。

在外语翻译方面，人工智能的优势也很明显，翻译机在不同的语种间快速地进行语言转换和分析，让双方的交流更加顺畅便捷。

在交通运输方面，无人驾驶技术通过实时分享无线网共享车之间的信息，控制车的方向和速度等，从而让车辆在无人驾驶的情况下安全行驶。

在商业零售方面，越来越多的生鲜超市开始尝试用智能生鲜秤自动识别果蔬生鲜的种类并计算其价格，实现一站式购菜支付。大中型超市也采用商品识别技术，协助摆货理货，以销售出更多的产品。

随着科技的不断提高，人工智能的应用越来越广泛，也越来越先进。2022 年 11 月 30 日，由美国人工智能实验室 OpenAI 研发的聊天机器人程序 ChatGPT（Chat Generative Pre-trained Transformer）一经发布，立即引起人们的广泛关注。它能写代码、写文章、做题、通过 Google 面试等。ChatGPT 的出现表明人工智能在跨领域融合应用方面取得重大突破，成功突破了语言和图像的融合难题，开创了全新的人工智能交互体验和视觉认知模式。

四、新一代信息技术之间的关系

大数据的产生主要归结于互联网、移动设备、物联网和云计算等的快速崛起，这些新一代信息技术之间是密切联系的。

《互联网进化论》一书中提出了"互联网的未来功能和结构将与人类大脑高度相似，也将具备互联网虚拟感觉、虚拟运动、虚拟中枢、虚拟记忆神经系统"，并绘制了一幅互联网虚拟大数据结构图，形象生动地描绘了大数据、物联网、云计算等新一代信息技术之间的关系，如图 1-2 所示。从图 1-2 中可以看出，物联网对应互联网的感觉和运动神经系统，是数据的采集端；云计算是互联网核心硬件层和软件层的集合，对应互联网的中枢神经系统，是数据的处理中心；大数据代表互联网信息层（数据海洋），是互联网智慧和意识产生的基础。

图 1-2 新一代信息技术之间的关系

物联网、传统互联网和移动互联网着眼于数据采集，在源源不断地汇聚数据和接收数据，为大数据提供数据来源；大数据着眼于数据，关注实际业务，对这些数据进行分析处理，提取有价值的信息；云计算着眼于计算，看重数据处理能力。云计算为大数据提供有力的工具和途径，大数据为云计算提供用武之地，二者缺一不可，必须同步协调发展，才能发挥出各自最大的潜能。

人工智能是一门研究智能化理论及方法的技术科学。早期的人工智能以逻辑符号学为主；随着计算能力的增强，现在的人工智能以统计学为主，此时需要以大量数据为基础。因此，大数据是人工智能"思考"和"决策"的基础。人工智能需要依赖大数据完成模型的训练和学习，大数据也需要人工智能技术对其进行价值分析。人工智能贵在"智能"，即通过智能地对数据进行分析和处理，按照人的意识和思维过程进行模拟，赋予机器人类的能力，指导下一步的操作；而大数据分析仅考虑从海量数据中获取想要的结果。

大数据、人工智能等新一代信息技术是未来国家战略必争领域，我国也制定了新一代信息技术的战略规划，并已经写入了《中华人民共和国国民经济和社会发展第十四个五年规划和2035年远景目标纲要》，特别是我国正在实施中的"东数西算"工程，就是通过构建数据中心、云计算、大数据一体化的新型算力网络体系，将东部算力需求有序引导到西部，优化数据中心建设布局，促进东西部协同联动，促进云计算和大数据协同发展。它将成为推动我国经济高质量发展、建设创新型国家的重要技术保障和核心驱动力。

知识链接：我国"十四五"新一代信息技术战略规划及"东数西算"工程

学习感悟

云计算、物联网、人工智能、大数据等新一代信息技术，代表了人类IT技术的最新发展趋势，深刻改变着人们的生产和生活。相信这些技术的融合发展、相互助力，一定会给人类社会的未来发展带来更多的新变化。作为学习者，需要及时拥抱新技术，迅速适应大数据等新一代信息技术的创新能力。当前，我国在全球新一代信息技术领域已经占据一席之地，产业规模体量全球领先，利用信息技术改造传统经济、培育壮大数字经济新动能的空间仍然很大；"东数西算"工程，"十四五"新一代信息技术战略规划等的实施，将继续推动我国新一代信息技术不断突破、蓬勃发展。

任务实训

1. 在线测试：认识大数据等新一代信息技术之间的关系。

2. 围绕云计算、物联网、人工智能在其他领域的应用，举例分析并展望大数据与云计算、物联网、人工智能几种技术综合应用的前景。

3. 利用百度地图查看实时公交，在这个过程中用到了哪些新一代信息技术？

任务评价

评价类目	评价内容及标准	分值	自己评分	小组评分	教师评分
学习态度	✓ 全勤（5分） ✓ 遵守课堂纪律（5分）	10分			
学习过程	➤ 能够说出本任务的学习目标，上课积极回答问题（5分） ➤ 能够回答云计算学习过程中的基本问题（5分） ➤ 能够回答物联网学习过程中的基本问题（5分） ➤ 能够回答人工智能学习过程中的基本问题（5分）	20分			
学习结果	◆ "在线测试"选择题和判断题的考评（3分×10=30分） ◆ 针对新一代信息技术应用场景进行分析的考评（20分） ◆ 针对新一代信息技术的体验和分析的考评（20分）	70分			
合　　计		100分			
所占比例		—	30%	30%	40%
综合评分					

任务三　洞悉大数据的思维方式和工作流程

任务清单

工作任务	洞悉大数据的思维方式和工作流程	教学模式	任务驱动
建议学时	2课时	教学地点	多媒体教室
任务描述	在大数据时代，数据就是一座"金矿"，而思维就是打开矿山大门的钥匙，只有建立符合大数据时代发展的思维方式和工作方式，才能最大程度地挖掘大数据的潜在价值。那么，大数据的思维方式有哪些？相对于传统的思维方式有什么不同呢？大数据的工作流程又是怎样的呢？于是，小王开始寻找矿山大门的钥匙		

续表

任务目标	<ul><li>了解传统的思维方式；</li><li>掌握大数据思维方式的特点；</li><li>理解大数据思维方式的启示；</li><li>能区分大数据思维方式和传统思维方式；</li><li>能运用大数据思维方式看待和分析问题；</li><li>认识大数据工作的基本流程和工作方式；</li><li>树立正确的大数据思维意识，警惕大数据思维陷阱，做新思维智者</li></ul>
关键词	机械思维、因果思维、总体思维、容错思维、相关思维、大数据工作流程

知识必备

微课视频 7：传统思维与大数据思维

一、传统思维方式

在传统思维方式中用得最多的就是机械思维，即思辨的思想和逻辑推理的能力，通过这些从实践中总结出基本的定理，然后通过逻辑继续延伸。机械思维的核心思想可以概括为确定性（或可预测性）和因果关系。牛顿可以把所有天体运动的规律用几个定律讲清楚，并且应用到任何场合都是正确的，这就是确定性。类似地，当我们给物体施加一个外力时，它就获得了一个加速度，而加速度的大小取决于外力和物体本身的质量，这是一种因果关系。人们正是通过这些确定性和因果关系来认识世界的。

从牛顿开始，人类社会的进步在很大程度上得益于机械思维，但是到了信息时代，机械思维的局限性越来越明显。首先，并非所有的规律都可以用简单的定理来描述；其次，简单的因果关系的规律性都已经被发现，再像过去那样找到因果关系已经变得非常艰难；再次，随着人们对世界认识得越来越清楚，人们发现世界本身存在着很大的不确定性，并非过去想象的那样一切都是可以确定的。不确定性在人们生活的世界里无处不在，要解决这种不确定性，就必须获取更多的信息，并利用这些信息来消除不确定性。例如，人脸识别，本身人脸的图像是不确定性的，但可以通过获取更多的信息，把它看成是从有限种可能性中挑出一种，因为全世界的人是有限的，这就是把识别问题变成了消除不确定性的问题。

想一想：

平常我们所说的"打破砂锅问到底"是哪种思维方式？

二、大数据思维方式

大数据不仅是一次技术革命，还是一次思维革命。大数据时代最大的转变就是思维方式的转变：全样而非抽样、效率而非精确、相关而非因果。此外，人们研究解决问题的思维方式正在朝着"以数据为中心"的方式迈进。大数据时代的思维方式变革如图 1-3 所示。

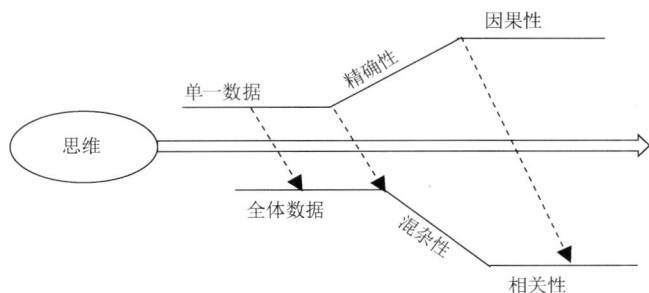

图 1-3　大数据时代的思维方式变革

（一）全样而非抽样

社会科学研究社会现象的总体特征时，以往采样一直是主要的数据获取手段，这是人类在无法获得总体数据信息条件下的无奈选择。在大数据时代，人们可以获得与分析更多的数据，甚至是与之相关的所有数据，而不再依赖于采样，从而可以带来更全面的认识，可以更清楚地发现样本无法揭示的细节信息。

随着电子商务的发展，互联网中出现了很多商品比价网站。它们可以帮助人们做购买决策，告诉消费者什么时候买什么产品，什么时候、什么地方买最便宜，预测产品的价格趋势。这些网站背后的驱动力就是大数据。它们在互联网上搜集数以亿计的数据，然后帮助数以万计的消费者找到最好的时间、最好的地方购买商品，为终端消费者省钱。这种商业模式并不是依赖于对随机抽样的分析，而是分析了数以亿计的数据才得到的结论。

在大数据时代，随着数据收集、处理、存储、分析技术获得突破性发展，我们可以更加方便、快捷、动态地获得研究对象有关的所有数据，而不再因诸多限制不得不采用样本研究方法，相应地，思维方式也应该从之前的样本思维转向总体思维，从而能够更加全面、立体、系统地认识总体状况。

（二）效率而非精确

在小数据时代，由于收集的样本信息量比较少，所以必须确保记录下来的数据尽量结构化、精确化，否则，分析得出的结论在推及总体时就会出现南辕北辙的现象，导致数据的准确性大大降低，从而造成分析的结论与实际情况背道而驰，因此必须十分注重精确思维。

然而，在大数据时代，得益于大数据技术的突破，大量的结构化数据、非结构化数据、半结构化数据能够得到储存、处理、计算和分析，这极大提升了我们从海量数据中获取知识和洞见的能力。大数据时代采用全样分析而非抽样分析，全样分析结果就不存在误差被放大的问题。因此，追求精确性已经不是其首要目标。相反，大数据时代的"秒级响应"特征要求在几秒内迅速给出海量数据的分析结果，否则就会丧失数据的价值，因此数据分析的效率成为关注的核心。

例如，当人们在访问天猫或京东等购物网站时，用户点击数据会被实时发送到后端的大数据分析平台进行处理，平台会先根据用户的特征，找到与其购物兴趣匹配的其他用户群体，再把其他用户群体曾买过而该用户未买过的相关商品推荐给该用户。显然，这个过程要求的时效性很强，需要"秒级"响应。

大家熟悉的 Google 翻译，在生成译文时，会在数百万篇文档中查找各种模式，以便为用户决定最佳翻译。这种在大量文本中查找各种范例的过程称为统计机器翻译。从翻译的例子来看，它之所以能获得更好的翻译效果，是因为它接受了有错误的数据，不再只接受精确数据。拥有大量数据的 Google 语料库比一般的语料库大好几百万倍，这样的优势完全可以压倒个别不精确的缺点。

在大数据时代，思维方式要从精确思维转向容错思维，当拥有海量即时数据时，绝对的精准不再是追求的主要目标，适当忽略微观层面上的精确度，容许一定程度的错误与混杂，反而可以在宏观层面拥有更好的知识和洞察力。

（三）相关而非因果

在小数据时代，人们往往执着于现象背后的因果关系，试图通过有限样本数据来剖析其中的内在关系。数据量小的另一个缺陷就是有限的样本数据无法反映出事物之间的普遍性的相关关系。而在大数据时代，人们可以通过大数据挖掘技术挖掘与分析出事物之间隐蔽的相关关系，获得更多的认知与洞见，运用这些认知与洞见就可以帮助我们捕捉现在和预测未来，而建立在相关关系分析基础上的预测分析正是大数据的核心议题之一。通过关注线性相关关系及复杂的非线性相关关系，不仅可以帮助人们看到很多以前不曾注意的数据之间存在的某些联系，还可以掌握以前无法理解的复杂技术和社会动态。相关关系甚至可以超越因果关系，成为我们了解这个世界的更好视角。

大家或许都听过一个经典的案例——"啤酒与纸尿裤"的故事，该故事和零售商沃尔玛有关。沃尔玛的工作人员在按周期统计产品的销售信息时，发现了一个非常奇怪的现象：每到周末的时候，超市里啤酒和纸尿裤的销量就会突然增大。为了弄清楚其中的原因，他们派出工作人员进行调查。通过观察和走访之后，他们了解到，在美国有孩子的家庭中，太太经常嘱咐丈夫下班后要为孩子买纸尿裤，而丈夫在买完纸尿裤后又顺手带回了自己爱喝的啤酒，因此周末时啤酒和纸尿裤的销量一起增长。弄明白原因后，沃尔玛打破常规，尝试将纸尿裤和啤酒摆在一起，结果使得纸尿裤和啤酒的销量双双激增，为超市带来了巨大利润。通过这个故事我们可以看出，本来纸尿裤和啤酒是两个风马牛不相及的产品，没有因果关系，但二者关联在一起后，销量激增。

在大数据时代，思维方式要从因果思维转向相关思维，努力颠覆千百年来人类形成的传统思维模式和固有偏见，从而更好地分享大数据带来的深刻洞见。

（四）以数据为中心

进入 21 世纪后，互联网的出现使得可用的数据量剧增。世界各个领域的数据不断向外扩展，渐渐形成了一个特点，那就是很多数据开始出现交叉，各个维度的数据由点及线，逐渐连成了网，或者说，数据之间的相关性极大地增强。在这样的背景下，以数据为中心，通过数据驱动方法来思考和解决问题的优势越来越明显。以往"差不多""还可以""领导说"等拍脑袋决策的方式要逐步让位于精确的数据分析、统计、预测系统，从"行或不行，官大的说了算"转变为"行或不行，数据说了算"，从"事后统计"转变为"事前预测"，从以"流程"为核心的计算模式转变为以"数据"为核心的计算模式，从非互联网时期产品的"功能"价值转变为互联网时期产品的"数据"价值。

"以数据为中心"既是一种思维方式，又是一种技术架构。其核心思想在于：承认数据的价值，正视它在大型企业和行业生态中的多功能角色，并将信息视为企业架构的核心资产。与传统以应用为中心的技术相反，在以数据为中心的架构中，数据是独立于单一应用程序而存在的，可以为广泛的利益相关者提供支持。例如，搜索引擎公司的关键词广告不仅是赚钱的广告形式，对广告商来说也是广告效果最好的模式之一。那么，搜索引擎公司是如何兼顾自己和广告商的利益的呢？搜索引擎公司先收集大量的数据，再巧妙地利用这些数据形成双赢的格局。例如，搜索引擎公司利用广告被点击的数据，如果一个广告很少被点击，搜索引擎公司就会尽量少地展示这个广告。这对广告商来说省钱了，对搜索引擎公司来说，不展示这些广告就可以把有限而宝贵的搜索流量留给那些可能被点击的广告，这就是"以数据为中心"的优势。

知识链接：大数据思维的经典应用案例

三、大数据思维方式的启示

在大数据时代，决策的制定不再依赖于直觉或经验判断，而是建立在体量庞大的数据基础之上，只有与时俱进，主动拥抱和融入大数据热潮，才能不断焕发生机和活力。大数据思维给我们带来以下启示。

（一）建立以大数据整体性为支撑的全局思维

在小数据时代，由于技术条件的限制，人们只能通过把复杂的整体分解为简单的部分的方法来分析研究事物，并试图用这部分来描述整体。而在大数据时代，人们可以利用大数据技术，收集、处理和运用海量数据，实现思维和认知从被迫关注局部向主动关注全局转变，从更广的范围、更高的层次、更深的程度认识事物，形成基于大数据网络环境的全局思维。

（二）建立以大数据多样性为支撑的容错思维

容错思维不是纵容错误存在，而是接受不精确的存在，并不断调整纠偏。在大数据时代，由于技术的进步，人们基本可以做到实时实地地采集、传输、处理数据，可以实时准确地把握事物的动态发展，随时调整决策，纠正错误。

（三）建立以大数据相关性为支撑的相关思维

在大数据时代，事物各组成要素之间的关系已经不完全是简单的线性因果关系，更多的是一种非线性相关关系。通过分析研究数据变化所反映的事物之间的内在联系和相关关系，我们可以避免将思维方式陷入冗长的因果关系链中，较为快捷地发现事物不同要素之间的相互关系和相互影响及相互作用方式，为快捷、准确地找到解决复杂问题的方案提供有效的路径。

（四）建立以大数据开放性为支撑的智能思维

封闭导致混沌，而开放会带来生机和活力。大数据的一个鲜明特征就是具有开放性。从数据来源来看，大数据时代的数据建设对所有的有效数据保持开放；从数据的使用来看，大数据时代的数据向所有的合法用户保持开放，任何用户都没有数据特权。这种开放性为人们的智能思维奠定了基础，为我们探索并掌握现实和未来事物发展的规律及智慧思考、超前谋划提供了支撑和条件。

四、警惕大数据思维的陷阱

大数据时代需要大数据思维，但我们也要警惕大数据思维陷阱。大数据思维陷阱主要表现在以下三个方面。

（一）主观认知偏差易带来的数据偏见

在大数据时代，人们盲目乐观地获得由大数据分析得出的结果，忽视了"沉默的证据"。应用大数据需要什么样的统计或逻辑背景呢？首先，描述。要能辨识出我们描述的人群跟心里想的目标人群是不是同一群人。其次，预测。理解现象、变量之间的相关性。再次，优化。理解因果关系，否则无法优化。简而言之，预测需要相关性，优化需要因果性，而描述的关键在样本的代表性。

（二）数据有效性偏差易带来的数据误导

数据并不天然意味着真实，数据源影响数据质量，互联网的开放性、匿名性使得数据源模糊，数据真假难辨。另外，有些大数据应用收集的数据非常多，但对其倾向性却不清楚，也就是说，我们收集到的数据可能是"大而不全"。例如，我们一直听同一类型的歌、看相似观点的新闻评论，可能会被大数据困在某个小圈子里，无法听见外面不同的声音，从而使我们变得狭隘。解决这种偏差的途径是，尽可能收集多方面的数据，同时需要跨界，收集企业之外的数据。例如，汽车制造商要跟电商结合，要跟社交媒体结合，通过跨界把数据做全，同时要把营销、销售和库存等内部信息打通，这样才能把精准营销做得更好。

（三）数据相关与因果相关的模糊带来的结论偏差

大数据时代，"万物可数"使得事物之间的关联呈现为一种量化关系，大数据更关注相关关系而忽略因果关系，甚至人们认为相关关系可以取代因果关系。事实上，大数据告诉人们的只是"是什么"而不是"为什么"，这往往使得人们陷入"知其然而不知其所以然"的窘境。

五、大数据工作流程

大数据时代来临，那么怎样开展大数据工作呢？很多事情在执行的时候都是有一定的工作流程的，大数据也不例外。大数据的处理过程其实就是先利用合适的工具采集数据，再按照一定的标准对其进行存储，然后利用相关的数据分析技术进行分析，从而提取出有价值的数据展示给客户。大数据的基本工作流程如图 1-4 所示，主要包括数据采集与预处理、数据存储与管理、数据分析与挖掘、数据可视化、数据安全和隐私保护这几个层面的内容。

微课视频 8：大数据工作流程

图 1-4　大数据的基本工作流程

数据无处不在，互联网网站、政务系统、零售系统、办公系统、企业业务系统、监控系统、传感器等，每时每刻都在产生数据。这些分散在各处的数据需要采用相应的设备或软件进行采集。采集到的数据通常无法直接用于后续的数据分析，因为对来源众多、类型多样的数据而言，数据缺失和语义模糊等问题是不可避免的，所以必须采取相应的措施解决这些问题，这就需要一个被称为"数据预处理"的过程，把数据变成一个可用的状态。数据经过预处理后，会被存放到文件系统或数据库系统中进行存储与管理，然后采用数据挖掘工具对数据进行分析处理，最后采用可视化工具为用户呈现结果。在整个数据处理过程中，贯穿始终的是数据安全和隐私保护问题。

学习感悟

　　大数据不仅是一次技术革命，还是一次思维革命。只有思维升级了，才可能在这个时代透过数据看世界时，比别人看得更加清晰，从而在大数据时代有所成就。大数据已成为各行各业发展的方向，无论是新兴的人工智能，还是传统的制造业及中间的电子商务等。通过对大数据的分析与使用，市场越来越清晰，产品越来越准确，服务越来越人性化。大数据时代，我们只有主动拥抱和融入大数据热潮，具备大数据思维，推崇大数据的应用，才能不断焕发生机和活力。但凡事都有两面性，我们在享受大数据优点的同时，也要警惕大数据思维的陷阱。网络的飞速发展带来了言论的自由，也带来了个性的释放。网络上大多数人传播、推崇的并不一定是对的，这种足不出户获得的海量信息里面蕴藏着巨大的不确定性。因此，我们要警惕大数据思维的陷阱，做个新时代思维智者。

任务实训

1. 在线测试：洞悉大数据的思维方式和工作流程。
2. 请根据自己的生活实践列举一个大数据思维的典型案例。
3. 描述大数据的基本工作流程和各个步骤的主要功能。

任务评价

评价类目	评价内容及标准	分值	自己评分	小组评分	教师评分
学习态度	✓ 全勤（5分）	10分			
	✓ 遵守课堂纪律（5分）				
学习过程	➤ 能够说出本任务的学习目标，上课积极回答问题（5分）	20分			
	➤ 能够回答和区分各种思维方式（5分）				
	➤ 能够总结大数据思维的启示（5分）				
	➤ 能够回答大数据工作的基本流程（5分）				

评价类目	评价内容及标准	分值	自己评分	小组评分	教师评分
学习结果	◆ "在线测试"选择题和判断题的考评（3 分×10=30 分） ◆ 生活中大数据思维案例分析的考评（20 分） ◆ 大数据工作流程的考评（20 分）	70 分			
合　计		100 分			
所占比例		—	30%	30%	40%
综合评分					

任务四　探究大数据的影响

任务清单

工作任务	探究大数据的影响	教学模式	任务驱动
建议学时	1~2 课时	教学地点	多媒体教室
任务描述	当前，数字经济已经成为世界经济发展的主角之一，并进入高速增长的快车道。大数据作为数字经济的关键生产要素，对社会生产和人们生活的方方面面产生了影响，特别是对科学研究，社会发展的决策方式、治理途径、行业融合，就业市场和人才培养都带来巨大的影响。为了更好地走进大数据，深入学习大数据，小王拟分析和探究大数据具体的影响		
任务目标	● 了解大数据对科学研究的影响； ● 熟悉科学研究的四种范式； ● 理解大数据对社会发展的影响； ● 了解大数据在社会发展中的一些应用案例； ● 掌握大数据对就业市场的影响； ● 掌握大数据对人才培养的影响； ● 能从一些大数据应用案例中分析大数据对社会的影响； ● 能正确看待大数据对就业市场和人才培养的影响，主动调整和适应这种变化； ● 具备对大数据应用的探索意识、拥抱大数据的意识； ● 能通过探究大数据的影响，知道国家需要什么样的人才，树立正确的职业观		
关键词	科学研究、大数据决策、大数据应用、大数据+、就业市场、人才培养		

知识必备

一、大数据对科学研究的影响

大数据最根本的价值在于为人类提供认识复杂系统的新思维和新手

微课视频 9：大数据对科学研究和社会发展的影响

段。图灵奖获得者、著名数据库专家 Jim Gray 博士认为，人类自古以来在科学研究上先后经历了实验科学、理论科学、计算科学和数据科学四种范式。在最初的科学研究阶段，人类采用实验来解决一些科学问题，如伽利略在比萨斜塔上做了"两个铁球同时落地"的实验，得出了著名的自由落体定律。实验科学的研究会受到实验条件的限制，于是，随着科学的进步，人类开始采用各种数学、几何、物理等理论，构建问题模型和解决方案，如牛顿定律的形成就是理论科学的成果。1946 年，人类历史上第一台计算机 ENIAC 诞生，人类社会开始步入以计算为中心的全新时期。这一时期的科学研究过程是先提出问题，再进行计算机模拟，然后收集数据，最后通过计算来验证。

随着互联网的发展，以及物联网和云计算的出现，数据不断积累，数据的宝贵价值日益得到体现。在大数据环境下，一切将以数据为中心，从数据中发现问题、解决问题，从而真正体现数据的价值。而且大数据也成为科学研究的保障，从数据中挖掘未知的模式和有价值的信息，从而更好地推动科技创新。

想一想：

针对实验科学、理论科学、计算科学和数据科学四种范式各有哪些案例？

二、大数据对社会发展的影响

大数据将对社会发展产生深远的影响，具体体现在以下几个方面。

（一）大数据决策成为一种新的决策方式

在数据经济时代，根据数据制定决策已经是大势所趋。从 20 世纪 90 年代开始，数据仓库和商务智能工具就开始大量用于企业决策，只是数据仓库以关系型数据库为基础，其数据类型和数据量还存在比较大的限制。现在，大数据决策可以面向类型繁多的非结构化数据进行决策分析，已经成为流行的全新决策方式。比如，政府部门可以把大数据技术融入"舆情分析"，通过论坛、微博、微信、社区等多种数据来源进行综合分析，弄清或测试信息中本质性的事实和趋势，揭示信息中的隐性情报内容，对事物发展做出情报预测，协助政府决策，有效应对各种突发事件。

例如，在国家"双减"政策之下，通过对基于大数据的舆情监控系统监测到的网络热度趋势的分析发现，网民对"双减"政策落地后，孩子的教育情况较为关注和担忧。一方面，网民对孩子及家庭减负给予了肯定；另一方面，网民对服务更为隐蔽、收费更为昂贵的家教形式，是否会造成学生分层明显等方面也表达了一定的看法。有了这些大数据舆情收集和分析，政府就能及时做出新的决策，督促各部门合力堵住漏洞，形成全面联动的监督机制，解决人们担忧的问题。

（二）大数据成为提升国家治理能力的新途径

大数据是提升国家治理能力的新途径，政府可以通过大数据弄清政治、经济、社会事务中传统技术难以展现的关联关系，并对事物的发展趋势做出准确预测，从而在复杂情况下做出合理、优化的决策。大数据是促进经济转型增长的新引擎，其与实体经济深度融合将大幅度推动传统产业提质增效，促进经济转型，催生新业态。同时，对大数据的采集、管理、交易、分析等业务正成长为巨大的新兴市场。大数据是提升社会公共服务能力的新手段，通过打通政府、公共服务部门的数据，促进数据流转共享，将有效促进行政审批事务的简化，提高公共服务的效率，更好地服务民生，提升人民群众的获得感和幸福感。

（三）大数据应用促进信息技术与各行业的深度融合

有专家指出，大数据及大数据分析将会在未来 10 年改变几乎每一个行业的业务功能。互联网、银行、保险、交通、材料、能源、服务等行业领域不断积累的大数据将加速推进行业与信息技术的深度融合，开拓行业发展的新方向。比如，大数据可以帮助快递公司选择运费成本最低的最佳行车路径，协助投资者选择效益最大化的股票投资组合，辅助零售商定位目标客户群体，帮助互联网公司实现广告精准投放，还可以让交通部门做好铁路、公路、飞机调度计划以确保运输安全。总之，大数据触及的每个角落，社会生产和生活都会因此而发生巨大而深刻的变化。

（四）大数据开发推动新技术和新应用的不断涌现

大数据的应用开发，是大数据新技术开发的源泉。在各种应用需求的强烈驱动下，各种突破性的大数据技术将被不断提出并得到广泛应用，数据的能量也将不断得到释放。在不远的将来，原来那些依靠人类自身判断力的应用，将逐渐被各种基于大数据的应用所取代。例如，现在的保险公司只能根据少量车主信息，对客户进行简单分类，并根据汽车出险次数给予相应的保费优惠方案，而客户选择哪家保险公司都没有太大差别。随着车联网的出现，"汽车大数据"将会深刻改变汽车保险业的商业模式，如果某家保险公司能够获取客户车辆的相关细节信息，并利用事先构建的数学模型对客户等级进行更加细致的判定，给予更加个性化的"一对一"优惠方案，那么，这家保险公司将具备市场竞争优势，获得更多客户的青睐。

三、大数据对就业市场的影响

在就业市场上，大数据的兴起使得数据分析师、数字管理师、数字营销师等成为热门职业。互联网企业和零售、金融类企业都在积极争夺大数据人才。国内有大数据专家估算过，目前国内的大数据人才缺口达到 130 万人，以大数据应用较多的互联网金融为例，这一行业每年增速达到 4 倍，仅互联网金融需要的大数据人才就在迅速增长。从技术发展趋势和产业发展趋势两方面来看，未来大数据行业的前景非常广阔，并逐渐形成了一个产业链，包括数据采集、传输、存储、分析和应用。而且在工业互联网的推动下，未来大数据会全面重塑传统产业领域的格局，很多企业会逐渐向生产数据的方向发展，这会促使大数据行业进入一个新的发展阶段。

微课视频 10：大数据对就业市场和人才培养的影响

另外，大数据为大学生精准就业带来了新机遇，指明了大学生的就业方向，为就业指导提供了科学依据。通过对大数据的应用，构建大学生精准就业机制，对大学生就业进行精准定位、分析、培训、匹配、对接、帮扶、跟踪等，能实现大学生的高质量就业。政府可通过大数据实现人才政策发布的个性化、精准化服务。企业也可通过就业市场大数据的应用招聘到合适的员工。

四、大数据对人才培养的影响

随着数字经济的发展，人们拥有的数字化数据会越来越多。大数据帮助企业摆脱了以往在决策过程中数据成本过高的困境，甚至由于企业运营建构在数字化基础设施上，大数据成为企业运营的实时数字化映象。

大数据时代，随着企业的转型升级，对人才的职业技能需求也在不断提高，特别是对人才所具有的数字能力和数字素养的要求大为提高，这在很大程度上给人才的培养带来影响。

（一）大数据将改变高校信息技术相关专业的现有教学和科研体制

一方面，数据科学人才是一个需要掌握统计、数学、机器学习、可视化、编程等多方面知识的复合型人才，在中国高校现有的学科和专业设置中，上述专业知识分布在数学、统计和计算机等多个学科中，任何一个学科都只能培养某个方向的专业人才，无法培养全面掌握数据科学相关知识的复合型人才。另一方面，数据科学家需要大数据应用实战环境，在真正的大数据环境中不断学习、实践并融会贯通，将自身技术与所在行业的业务需求进行深度融合，从数据中发现有价值的信息，但是目前大多数高校不具备这种培养环境，不仅缺乏大规模基础数据，还缺乏对领域业务需求的理解。鉴于上述两个原因，目前国内大多数的数据科学人才并不是由高校培养的，而主要是在企业实际应用环境中通过边工作边

学习的方式不断成长起来的，其中互联网领域集中了大多数的数据科学人才。

（二）大数据对传统的工科、商科、文科专业人才培养带来大的冲击

目前，社会上提的"新工科""新商科""新文科"实际上就是传统工科、商科、文科与大数据等信息技术的结合。传统的工科、商科、文科专业是按照工具型人才培养标准的教育理念来设置的，其基于劳动分工理论，强调各个科目由单一、独特的内容组成，各学科相对独立、封闭、自成体系。例如，财务管理专业的学生往往将自己定位为财务技术人员，物流管理专业则将自己局限为物流管理专业的技术人才。但是随着时代的发展，仅仅关注财务知识或物流管理知识本身已经无法满足企业对人才的需求，还需要进一步了解行业发展现状及国际、国内市场的竞争态势，会使用大数据等新一代信息技术。

2021年3月，教育部印发了《职业教育专业目录（2021年）》，新专业目录的发布密切关注行业在"十四五"期间的发展趋势，充分对接新经济、新技术、新职业，分析产业新业态、新模式、新职业场景，以"大数据+""信息技术+"升级传统专业并进行数字化改造，及时发展数字经济催生的新兴专业，提高人才培养质量。例如，原有的财务管理专业更名为大数据与财务管理，会计专业更名为大数据与会计，强化了大数据技术、人工智能等新兴专业。2023年，教育部又印发了《职业教育专业目录（2023年）》，对优化专业设置、推动专业升级和数字化改造提出新的更高要求，要求主动对接"十四五"规划并面向2035年进行前瞻性布局，以系统思维推进专业升级与数字化改造。

▮▮ 学习感悟

大数据能推动科技创新，能带来巨大经济效益，能增强社会管理水平。大数据作为一种新的资源，给我们的社会生活带来深远的影响。随着数字化转型不断提速，大数据给我们带来的实惠将会越来越多。然而，在数字化转型过程中，数字化人才缺口成了困扰企业转型与发展的大问题，对大数据的专门人才及其他专业人才的数字能力和数字素养的刚需已经成为社会共识。年轻人必须看清社会发展的趋势，抓住社会变革的契机，在数字化大变革中抢抓先机，提升数字素养，学习数字技术，为自己赢得更好的发展机遇。

▮▮ 任务实训

1. 在线测试：探究大数据的影响。

2. 选择一个自己喜欢或熟悉的行业，分析大数据给它带来的影响。

3. 联系自身专业进行分析并回答为什么应该加强数字能力、数字素养的培养。

任务评价

评价类目	评价内容及标准	分值	自己评分	小组评分	教师评分
学习态度	✓ 全勤（5分） ✓ 遵守课堂纪律（5分）	10分			
学习过程	➤ 能够说出本任务的学习目标，上课积极回答问题（5分） ➤ 能够回答大数据对科学研究的影响（5分） ➤ 能够回答大数据对社会发展的影响（5分） ➤ 能够回答大数据给行业和人才培养的影响（5分）	20分			
学习结果	◆ "在线测试"选择题和判断题的考评（3分×10=30分） ◆ 举例说明大数据对社会发展的影响的考评（20分） ◆ 描述专业应如何加强数字能力和数字素养的培养的考评（20分）	70分			
合　计		100分			
所占比例		—	30%	30%	40%
综合评分					

项目总结

通过本项目，学生应该掌握的理论知识如下。

（1）数据、大数据的概念，数据的类型，大数据的特征。

（2）云计算机、物联网、人工智能的内涵及它们与大数据的关系。

（3）传统思维方式、大数据思维方式。

（4）大数据的基本工作流程。

通过本项目，学生应该掌握的技能如下。

（1）能够运用大数据相关基础知识，做好数据分析的全面准备工作。

（2）能够使用大数据的思维模式去思考问题、分析问题。

（3）能针对大数据对科技、社会发展、就业、人才培养的影响进行分析。

复习与巩固

1．简单描述大数据的主要特征。

2．分析大数据与云计算、物联网、互联网、人工智能的关系。

3．有哪些传统思维方式和大数据思维方式？请针对每种思维方式各举一个案例。

4．简单描述大数据的基本工作流程。

5．简要回答大数据是怎样催生"新经济"的。

6．结合实际生活，谈一谈大数据的社会价值主要体现在哪些方面。

项目
二

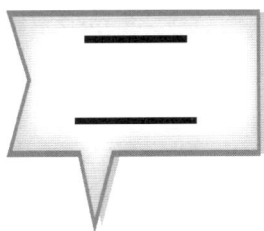

数据采集与预处理

随着网络和信息技术的不断普及，人类产生的数据量正在呈指数增长，差不多每两年翻一番，这意味着人类在最近两年产生的数据量相当于之前产生的全部数据量。面对如此巨大的数据量，该如何收集这些数据，并且进行清洗、转换为有效数据呢？这是每个大数据应用者首先遇到的问题。

本项目将带领你认识数据采集的数据来源，数据采集的方法，评估数据质量，识别"脏数据"，掌握数据清洗、集成、变换和归约的流程和策略。

学习目标

知识目标	1. 理解数据采集、数据清洗、数据集成、数据变换、数据归约的基本概念； 2. 熟悉数据采集来源和常用的数据采集方法； 3. 熟悉数据质量的影响因素和数据质量的评估标准； 3. 熟悉常见"脏数据"类型； 4. 掌握数据清洗、集成、变换和归约的流程和策略
能力目标	1. 能够根据数据采集需求选定数据来源和采集方法； 2. 能够使用网络爬虫等数据采集工具采集数据； 3. 能够分析数据质量影响因素，评估数据质量； 4. 能够对数据进行一般的数据清洗、集成、变换和归约处理
素质目标	1. 培养做事条理清晰、对数据保持怀疑、善于发现问题的能力； 2. 养成在数据采集与预处理过程中细心、客观的工作习惯
思政目标	加强数据采集人员的职业道德操守，遵守法律法规

思维导图

```
                                              数据采集的概念
                                              数据采集需求识别
                                  数据采集
                                              数据采集来源
                                              数据采集方法

                                              影响数据质量的因素
                                              数据存在的常见问题
                                  数据质量评估
                                              评估数据质量的标准
  数据采集与预处理                              数据预处理的方法

                                              数据清洗的概念
                                              缺失数据清洗
                                  数据清洗
                                              重复数据清洗
                                              错误数据清洗

                                              数据集成
                                  数据集成、变换和归约   数据变换
                                              数据归约
```

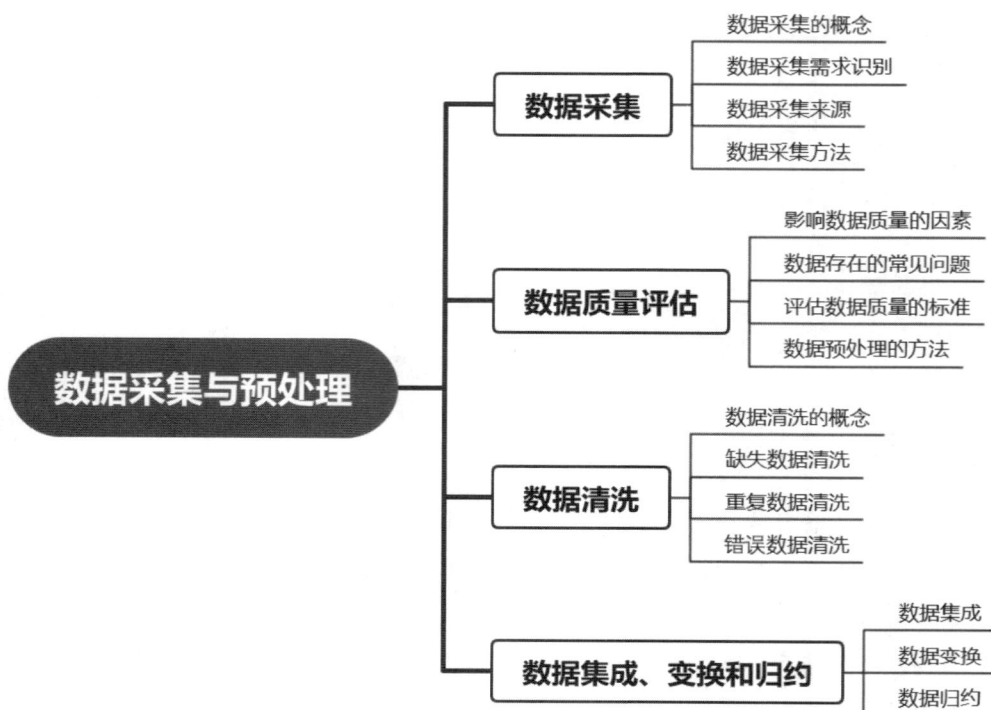

任务一　数据采集

任务清单

工作任务	数据采集	教学模式	任务驱动
建议学时	2 课时	教学地点	一体化教室
任务描述	小王还有一年大学毕业，听人说，在数字经济时代，数据分析类岗位具有良好的发展前景，为了使自己毕业找工作更有竞争力，于是他想考一个"数据分析员"技能等级证书，但小王对这个岗位的市场前景、热度、竞争力都只是道听途说，他想通过网络采集数据来进行分析，那么小王应该采集什么数据呢？在哪里采集数据？用什么工具来采集呢		
任务目标	<ul><li>理解数据采集的概念；</li><li>掌握数据采集的流程；</li><li>熟悉数据采集的来源；</li><li>掌握数据采集的常用方法</li></ul>		

续表

任务目标	● 能识别数据采集的需求，并选取合适的数据采集来源； ● 能根据不同的数据采集来源和数据类型选用合适的数据采集方法； ● 能熟练使用八爪鱼等网络爬虫工具采集数据； ● 养成条理清晰、细心的工作习惯； ● 养成在数据采集过程中合规合法的职业操守
关键词	数据采集、数据来源、采集方法、网络爬虫

▍知识必备

一、数据采集的概念

数据采集又称数据获取，是大数据工作的入口，也是数据分析过程中相当重要的一个环节，它通过各种技术手段把外部各种数据源产生的数据实时或非实时地采集并加以利用。如果没有数据，大数据的价值就无从谈起，就好比没有石油可以开采，就不会有汽油。在数据大爆炸的互联网时代，被采集的数据类型也是复杂多样的，包括结构化数据、半结构化数据和非结构化数据。

微课视频 11：数据采集概念、流程、来源

大数据采集与传统的数据采集既有联系又有区别，大数据采集是在传统的数据采集基础上发展起来的，一些经过多年发展的数据采集架构、技术和工具被继承下来。同时，由于大数据本身具有数据量大、数据类型丰富、处理速度快的特性，因此大数据采集表现出不同于传统数据采集的一些特点。第一，在数据源上，大数据采集的来源更加广泛，数据量巨大；第二，在数据类型上，大数据采集的数据类型更加丰富，包括结构化数据、半结构化数据和非结构化数据。

二、数据采集需求识别

大数据时代，数据类型的多样性和数据的不精确性让数据显得纷繁复杂，如何接受数据混杂的现实，在海量的数据中找到我们需要的数据并让其为我们所用是需要解决的重要问题。从此问题出发可以发现，只有确定数据分析的方向和拟解决的问题，才能确定需要采集的数据。可以说，大数据的分析与应用面临的主要挑战不仅有技术问题，还包括方向和组织领导的问题。因此，提出问题、明确需求、确定目标才能为接下来一系列的数据获取、分析、可视化等做准备。数据采集流程如图 2-1 所示。

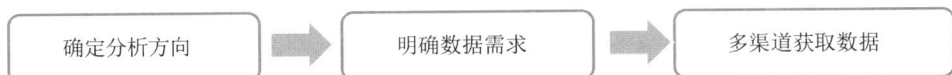

确定分析方向 → 明确数据需求 → 多渠道获取数据

图 2-1 数据采集流程

针对不同的需求，我们需要组合不同的数据进行分析。从多角度考虑，当分析宏观背景时，可以从年代变化、地区差异、政策方面搜集数据；当分析微观事件时，可以从媒体关注、网民讨论、时间节点、扩散路径等方面搜集数据；当评价品牌营销效果时，可以从目标达成率、最终销售额、用户增长情况、用户评价等方面搜集数据；当了解平台运营质量时，可以从网站访问情况、登录用户数、内容阅读、互动评价等方面搜集数据。

在进行具体数据采集时，需要考虑以下三个要点。

1. 全面性

全面性是指采集的数据量足够大且具有分析价值，数据面足够全以支撑分析需求。比如，对于"查看商品详情"这一行为，需要采集用户触发时的环境信息、会话、背后的用户 ID，最后需要统计这一行为在某一时段触发的人数、次数、人均次数、活跃比等。

2. 多维性

数据更重要的是能满足分析需求。灵活、快速地定义数据的多种属性和不同类型，从而满足不同的分析目标。

比如，"查看商品详情"这一行为，通过埋点，我们才能知道用户查看的商品价格、类型、商品 ID 等多种属性，从而知道用户看过哪些商品、什么类型的商品被查看得多、某一个商品被查看了多少次，而不仅仅是知道用户进入了商品详情页。

3. 高效性

高效性包含技术执行的高效性、团队内部成员协同的高效性及数据分析需求和目标实现的高效性。也就是说，采集数据一定要明确采集目的，带着问题、带着需求采集信息，使采集更高效、更有针对性，采集到的数据更及时。

三、数据采集来源

明确了数据采集需求后，接下来就是要熟悉数据采集来源。大数据的来源是大数据处理任务的重要基石，因为其提供了海量的数据用以支持大数据分析业务。大数据获取的数据可分为两大类：静态非实时数据和动态实时数据。各种历史数据，如历年的病虫害数据属于静态数据，这些数据大都是由纸质或电子表格组成的。实时数据一般是通过多种的传感器或软件实时获取的。在之前数据类型的讨论中，我们已经了解到，大数据的来源具有多样性，包含但不限于文字、图片、声音、视频。这种多源数据处理业务是在互联网背景下海量服务的结果。当然，这种多源海量数据也会存在一手数据和二手数据之分：一手数据又称原始数据，是指通过直接调查收集、科学实验、业务系统直接生成、传感器直接采集等方式获取的数据；二手数据是指他人通过调查或实验获得的数据，如从统计部门、第三方数据统计机构获取的数据。目前，大数据采集的直接来源主要包括互联网数据、日志数据、企业业务系统数据、传感器数据。

（一）互联网数据

互联网数据是指用户参与和使用社交平台、系统、软件产生的数据，以及互联网平台发布的数据。在互联网时代，这种数据是大数据的重要来源之一。目前，被用户使用的主流互联网平台数量众多，如微信、微博、抖音、QQ、百度贴吧等。在用户访问网站期间，其行为会产生大量的数据，如利用 E-mail 发送消息，上传文字来表述自己的想法，上传图片记录自己喜爱的瞬间，上传音频或视频来记录身边的生活，这些在不同社交平台或门户网站所产生的不同格式的数据，以及用户访问的历史记录、点击行为都可以成为大数据的来源。这些数据具有杂乱、异构的特点。同时，这些平台的后台一般都具有数据统计功能，可以统计平台的用户数据、内容数据和效果数据，这些数据一般都支持下载，可供进一步分析用。

（二）日志数据

许多公司的业务平台每天都会产生大量的日志数据。日志数据一般由数据源系统产生，用于记录数据源执行的各种操作活动，如网络监控的流量管理、金融应用的支付记账和 Web 服务器记录的用户访问行为。通过对采集的这些日志数据进行分析，就可以从公司业务平台的日志数据中挖掘出具有潜在价值的信息，为公司决策提供可靠的数据保证。

（三）企业业务系统数据

许多企业使用的业务处理系统也会产生大量的业务系统数据，如企业资源计划、客户关系管理、供应链管理、人力资源管理、财务系统等。这些数据一般会使用传统的关系型数据库 MySQL 和 Oracle 等来存储。除此之外，Redis 和 MongoDB 这样的 NoSQL 数据库也常用于数据的存储。企业每天产生的业务系统数据，会以数据库记录的形式被直接写入数据库中。这些业务系统数据可以满足企业的各种商务决策的分析需求。

（四）传感器数据

传感器数据是指利用物联网采集原始数据。利用物联网，数据可以来自医疗设备、监控设备、办公设备、车辆、视频游戏、仪表数据、照相机及各种家用电器等。例如，常见的监控设备采集图像、视频信息，话筒获取声音信息，扫描器读取物体尺寸信息，以及各式传感器采集气压、温度、湿度等信息。物联网的目标是将众多的实体整合进互联网，从而分享数据、分析数据，提供更好的用户体验。

四、数据采集方法

了解了大数据的来源，接下来了解数据采集的方法。在大数据时代，数据采集具有以下三个特点：一是数据采集以自动化手段为主，尽量摆脱

微课视频 12：
数据采集方法

人工录入的方式；二是采集内容以全量采集为主，摆脱对数据进行采样的方式；三是采集方式多样化、内容丰富化，摆脱以往只采集基本数据的方式。数据采集的方法有很多，可以通过网络爬虫工具直接到目标对象去爬取，或者通过应用程序从日志或数据库中采集，也可以通过具体的设备如传感器进行采集，还可以借助第三方统计平台进行采集。下面对这些常见的数据采集方式进行介绍。

（一）网络爬虫采集

对于互联网 Web 数据的采集，主要通过网络爬虫进行采集。网络爬虫是指为搜索引擎下载并存储网页的程序，是搜索引擎和 Web 缓存的主要数据采集方式。网络爬虫（又称网页蜘蛛、网络机器人），是一种按照一定规则自动地抓取万维网信息的程序或者脚本。网络爬虫支持非结构化数据采集，如文本、音视频等，其主要特点是利用数据挖掘技术将非结构化数据从网页中抽取出来，按照一定规则和排列格式将数据进行分类处理，并存储成一系列具有统一格式的结构化数据文件。

网络爬虫作为一种重要的数据采集方式，已经广泛应用于互联网的诸多领域，但是网络爬虫的应用要具有合法性边界。如果对互联网上众多的数据不加以限定任意爬取，势必会对互联网生态造成影响，因此网络爬虫的应用也引发了越来越多的争议，如互联网企业之间不正当竞争等。

知识链接：涉及网络爬虫的刑法案件及刑事法律规制

当前使用较多的网络爬虫工具主要有 Python 网络爬虫、八爪鱼采集器、火车采集器等。

1. Python 网络爬虫

Python 是一个有条理的和强大的面向对象的程序设计语言，类似于 Perl、Ruby、Scheme、Java。它被逐渐广泛应用于系统管理任务的处理和 Web 编程。Python 注重的是如何解决问题而不是编程语言的语法和结构。Python 是一种简单易学、功能强大的编程语言，它有高效率的高层数据结构，简单而有效地实现面向对象编程。由于 Python 的脚本特性，易于配置，对字符的处理非常灵活，有丰富的网络抓取模块，抓取网页的文档接口更加简洁，所以通常又叫 Python 网络爬虫。用 Python 网络爬虫来采集数据，是需要编写程序代码的。

2. 八爪鱼采集器

八爪鱼采集器是一款可视化免编程的网页采集软件，它可以从不同网站中快速提取规范化数据，帮助用户实现数据的自动化采集、编辑及规范化，降低工作成本。八爪鱼采集器具有使用简单、功能强大等特点。八爪鱼采集器提供了模板采集、自动识别和手动采集等采集模式。当使用八爪鱼采集器采集数据时，其过程涉及新建任务、指定元素、采集数据、保存数据等步骤。这个过程中的每个步骤都可以看作是对网页的操作，可通过观察网页和预览数据变化来验证采集设置是否正确，并能对每个步骤的设置进行修改。

知识链接：八爪鱼采集器的使用方法

3. 火车采集器

火车采集器是一个供各大主流文章系统、论坛系统等使用的多线程内容免编程的采集发布软件。使用火车采集器，用户可以瞬间建立一个拥有庞大内容的网站。火车采集器系统支持远程图片下载、图片批量水印、Flash 下载、下载文件地址探测、自制作发表 CMS 模块参数、自定义发表内容等。对于数据的采集，其可以分为两部分，一是采集数据，二是发布数据。强大的内容采集和数据导入功能将用户采集的任何网页数据发布到远程服务器，利用系统内置标签，可将采集的数据对应表的字段导出到本地任何一款 Access、MySQL、Microsoft SQL Server 内。

（二）日志采集系统采集

日志数据的采集通常通过日志采集系统自动完成，目前业界比较流行的日志采集系统主要有 Fluentd、Logstash、Flume、Scribe 等。很多互联网企业基于这些产品建有自己的日志采集系统，如阿里巴巴内部的 LogAgent、阿里云的 LogTail，就主要是基于 Fluentd 开发的。日志采集系统要做的事情就是实时采集业务日志数据供离线和在线的分析系统使用。高可用性、高可靠性和可扩展性是日志采集系统所具有的基本特征。

日志数据采集也可以通过第三方平台来获取，如 CNZZ 数据专家网站。该网站可以帮助统计某一网站的浏览次数、访客人数、访问数据等。用户可以先在"友盟+"平台或 CNZZ 数据专家网站进行注册，再针对要统计的站点获取统计代码，然后将统计代码粘贴到网站对应的位置，即可获取相应的数据。另外，还可以通过下载报表将获得的数据导入 Excel 文件。

（三）数据库采集

互联网产品后端、企业的内部业务系统都有业务数据库，其中存储了销售量、订单量、购买用户数、粉丝数、阅读数等指标数据，如淘宝网店、微信公众号、微博平台等的后台数据库。通过数据库采集系统直接与企业业务后台服务器结合，可以直接采集企业业务后台产生的大量业务记录，并交由特定的处理系统进行系统分析。目前比较常见的数据库主要有 MySQL、Oracle、Redis、Bennyunn 和 MongoDB 等。随着业务的不断实施，数据库中的数据一直在不断变化，此时从数据库中抽取数据一般有全量数据抽取和增量数据抽取两种方式。全量数据抽取是指将数据库中的全部数据抽取出来，而增量数据抽取是指仅抽取最近一次抽取后数据库中有变化的部分。

（四）传感器采集

传感器是一种能将感受到的声音、温度、压力、电流、振动和距离等信息，按一定规律转换为电信号或其他形式的信息输出的装置，常用于获取各种信息，特点是数字化、多功能化、系统化、智能化和网络化。传感器一般通过选择设备、设定参数，便可实时自动采集到目标数据。通过智能感知、识别技术与普适计算等通信感知技术，将测量所得的物理变量的测量值转化为数字信号，传送到数据采集点。

（五）第三方统计平台采集

通过第三方统计平台也可进行数据采集。比如，开发者想获取相关各类商业数据，除了可以利用爬虫技术，还可以通过某第三方平台提供的 API 接口来调取相关数据。通过第三方平台采集数据的技术手段分为有埋点和无埋点两种方式。有埋点是一种良好的私有化部署数据采集方式，需要在用户企业的网页内或者客户端写入相应的代码；无埋点是指直接嵌入 SDK（软件开发工具包）。第三方统计平台的分类如表 2-1 所示。

表 2-1　第三方统计平台的分类

采集技术手段	平台名称	采集的数据类型	操作的复杂程度	采集的数据质量
无埋点（嵌入 SDK）	百度统计、友盟等	前端数据	简单且免费	数据较粗糙
有埋点（自己写代码）	神策数据等	前后台数据均可	操作较复杂	数据更细致
有埋点+无埋点	数极客	前后台数据均可	既有引导又有自由度	数据更细致

想一想：

随着大数据应用的推进，在一些专业二手平台上，网售大数据采集和定制业务颇为盛行。有些从事信息贩卖的"商家"，正大肆兜售覆盖诸多行业的用户信息，内容颇为庞杂。有的还明码标价，成行成市。这些人打着"专业定制"的旗号，无论需要哪类信息，只要客户提出要求，都能从网上为用户采集到。这些数据商的背后隐藏着一条非法获取用户数据的产业链。他们通过专业的爬虫软件非法爬取，或者通过私设监控、不正规渠道买卖数据等，采集各类个人信息及实时数据，经过汇总、整理后生成所谓的大数据产品出售。

这些行为合法吗？如果任由此类行业继续发展，将会带来怎样的后果呢？

知识链接：警惕非法数据采集和数据交易行为

学习感悟

数据采集是大数据产业的基石，只有全面、多维、高效地进行数据采集，大数据才具有它应有的商业价值。因此，一方面要广开数据采集的渠道，另一方面选择合适的数据采集方法。同时，在进行数据采集过程中，要做到合法合规采集。站在数据场景的角度，与数据有关的主体可以分为数据主体、数据控制者和数据处理者。在具体的商业场景中，由于数据采集者、处理者、运营者、交易者等多个主体混杂在各个交易流程中，背后隐藏着多种商业诉求，很容易发生争议。因此，从严管控非必要数据采集行为，依法依规打击黑市数据交易行为是非常必要的。

任务实训

1. 在线测试：数据采集。

2. 针对任务描述中小王的需求，联系所学的数据采集知识，回答以下问题：①小王的数据采集需求是什么？②小王需要采集什么样的数据？③小王采集数据的来源有哪些？④小王采集数据可使用的工具有哪些？

3. 使用网络爬虫工具——八爪鱼采集器来采集 BOSS 直聘网站中与"数据分析师"相关的招聘信息，需要采集到公司名称、成立时间、法人代表、招聘职位、月薪等数据，可以通过公司详情页中的内容来采集。使用八爪鱼采集器采集数据的实施思路如图 2-2 所示。

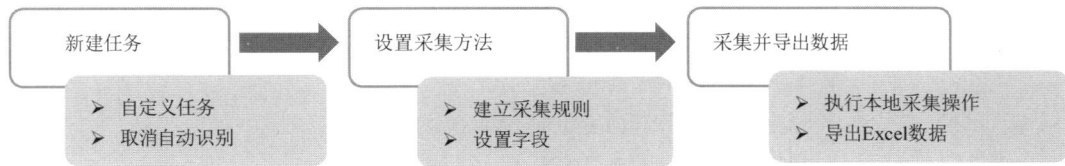

图 2-2 使用八爪鱼采集器采集数据的实施思路

任务评价

评价类目	评价内容及标准	分值	自己评分	小组评分	教师评分
学习态度	✓ 全勤（5 分） ✓ 遵守课堂纪律（5 分）	10 分			
学习过程	➤ 能够说出本任务的学习目标，上课积极回答问题（5 分） ➤ 能够回答数据采集的流程（5 分） ➤ 能够回答数据采集的来源（5 分） ➤ 能够理解和回答各种类型数据的采取方法（5 分）	20 分			
学习结果	◆ "在线测试"选择题和判断题的考评（3 分×10=30 分） ◆ 针对任务描述中小王数据采集思路判断的考评（10 分） ◆ 使用八爪鱼采集数据实际操作的考评（30 分）	70 分			
合　　计		100 分			
所占比例		—	30%	30%	40%
综合评分					

任务二　数据质量评估

任务清单

工作任务	数据质量评估	教学模式	任务驱动
建议学时	1～2 课时	教学地点	一体化教室
任务描述	人们在采集数据的同时会由于各种各样的原因，附带各种数据的质量问题，而数据质量的高低会对工业、经济、生活等方面产生重大影响，严重困扰着信息社会。那么数据质量的影响因素有哪些呢？具体的评估标准是什么？遇到数据质量问题，我们应该怎么做呢？小王急需解决以上问题		
任务目标	● 了解影响数据质量的因素； ● 掌握数据存在的常见问题； ● 掌握评估数据质量的标准； ● 掌握针对数据质量问题进行的数据预处理方法； ● 能检测和判断数据质量问题； ● 能根据数据存在的质量问题选用对应的预处理方法； ● 具备对数据质量检测判断严谨和细致的素养		
关键词	影响因素、缺失数据、错误数据、重复数据、冗余数据、评估标准		

一、影响数据质量的因素

数据质量反映的是数据的适用性，即数据满足使用需要的合适程度。数据质量管理可以为企业提供洁净、结构清晰的数据，是企业开发业务系统、提供数据服务、发挥数据价值的必要前提，也是企业数据资产管理的前提。影响数据质量的因素有很多，数据质量问题按照问题的来源和具体原因，可以分为信息类问题、技术类问题、流程类问题、管理类问题。

微课视频 13：质量影响因素及常见质量问题

（一）信息类问题

信息类问题是对数据本身描述的理解及其度量标准存在偏差而造成的数据质量问题。产生这部分数据质量问题的原因主要有元数据（描述数据的数据、描述数据属性的信息）描述及理解错误、数据度量的各种性质得不到保证和变化频度不恰当等。

（二）技术类问题

技术类问题是指由具体数据处理的各个技术环节的异常造成的数据质量问题，它产生的直接原因是技术实现上的某种缺陷。数据质量问题的产生环节主要包括数据创建、数据获取、数据传递、数据装载、数据使用、数据维护等。

（1）数据创建质量问题主要包括业务系统数据入库延迟、创建数据默认值使用不当和数据录入的校验规则不当，导致指标统计结果不一致、数据无效、记录重复等。

（2）数据获取质量问题主要包括采集点不正确、取数时点不正确及接口数据在获取过程中失真。例如，编码转换处理错误及精度不够，导致指标统计结果不一致、数据无效等。

（3）数据传递质量问题主要包括接口数据及时率低、接口数据漏传、网络传输过程不可靠，如包丢失、文件传输方式错误、传输技术问题、协议使用不当导致的数据不完整等。

（4）数据装载质量问题主要包括数据清洗算法、数据转换算法、数据加载算法错误。

（5）数据使用质量问题主要包括展示工具使用错误、展示方式不合理和展示周期不合理。

（6）数据维护质量问题主要包括数据备份/恢复错误、数据的存储能力有限、维护过程缺乏验证机制和人为后台调整数据。

（三）流程类问题

流程类问题是指由系统作业流程和人工操作流程设置不当造成的数据质量问题，主要来源于主题分析数据的创建流程、传递流程、装载流程、使用流程、维护流程和稽核流程等环节。

（1）创建流程质量问题主要指操作员在录入数据时缺乏审核流程。

（2）传递流程质量问题主要指通信流程沟通不畅。

（3）装载流程质量问题主要指清洗流程缺乏/不当、调度流程逻辑错误、数据加载流程逻辑错误及数据转换流程逻辑错误。

（4）使用流程质量问题主要指数据使用流程缺乏流程管理。

（5）维护流程质量问题主要指缺乏变更维护流程、缺乏错误数据维护流程、缺乏数据测试流程及对人工后台调整数据没有严格的流程监控。

（6）稽核流程质量问题主要指缺乏数据错误反馈流程。

（四）管理类问题

管理类问题是指由人员素质及管理机制方面的原因造成的数据质量问题，如人员管理、培训和奖励等方面的措施不当导致的管理缺失。

人员管理所产生的质量问题主要指以下几个方面。

（1）针对数据质量问题，没有建立管理数据质量的专门机构，出现数据质量问题后无专人负责。

（2）没有明确的数据质量目标。

（3）主题分析数据的数据质量问题的优先级不够。

（4）企业缺少管理数据质量的管理办法等。

通过上述对数据质量问题的影响因素的分析，从侧面展示了企业数据一次性达标的困难程度，也反映出关注数据质量的重要性，以及数据质量工作零散和琐碎的特点。对于信息、流程和技术三个方面的数据质量问题，比较容易控制，有可能通过引入数据质量管理体系和数据质量管理系统得到改善；对于管理类的数据质量问题，往往与企业对数据的理解和支持程度紧密相关，需要从数据规划和数据治理的组织与职责、数据规范的制度与流程方面下功夫。

二、数据存在的常见问题

数据采集阶段引起数据质量问题的因素主要有两点：数据来源和采集方法。数据来源一般分为直接来源和间接来源，直接来源主要指的是通过直接调查收集、科学实验、业务系统直接生成、传感器直接采集等方式直接获取的数据，由于是一手数据，可信度相对来说比较高。间接来源主要是指他人通过调查或实验获得的数据，如从统计部门、第三方数据统计机构获取的数据，这种二手数据的质量相对来说更难把握。在采集方法上，通过自动采集、减少中间环节和人为操作所获得的数据相对来说质量更高些。但不管怎样，还是会出现由数据采集设备异常、录入数据错误、数据传输异常等带来的数据质量问题。具体来说，采集过来的原始数据主要存在以下几个问题。

（一）重复数据

重复数据一般可以分为两类：一种是实体重复，就是指数据记录的所有字段都重复；另一种是指某一个或多个不该重复的字段重复。例如，某快递信息表中，快递单号是可以唯一标识每条记录的指标，如果发现某一个快递单号出现了两次，这就表示为重复数据。

（二）缺失数据

缺失数据主要是一些应该有的信息缺失，如供应商的名称、分公司的名称、客户的区域信息缺失、业务系统中主表与明细表不能匹配等。缺失数据可能是由数据录入、存储过程中的人为失误和系统软硬件问题导致的，也有可能是由数据采集中传感器等采集设备出现故障没有获取到数据导致的。缺失数据会影响分析结果的可信度，甚至使分析结果出现严重偏差。

（三）错误数据

错误数据是业务系统不够健全，在接收输入后没有进行判断而是直接写入后台数据库造成的。错误数据分为两种：一种是格式的错误，如数值数据输入成全角数字字符、字符串数据后面有回车操作、日期格式不正确、日期越界等；另一种是数值错误，通常也称为异常值，是指所获得数据与平均值的偏差超过两倍的数据，异常值产生的原因有很多，如录入数据时误将"80"录入为"800"，当数据都为100左右的数据时，"800"就会被识别为异常值。

（四）冗余数据

数据冗余一方面指多个数据集合并时同一条数据命名或编码方式不同，如某个数据集的变量名称为"用户编码"，而在另一个数据集中为"ID"；另一方面指数据集中的两个或多个变量之间存在相关或推导关系，如数据集中同时存在投入产出比、总投入、总收益的数据，其中投入产出比=总收益÷总投入。冗余数据会造成数据重复或分析结果产生偏差。

（五）不一致数据

不一致数据一般表现为以下三个方面。

一是由人工或机械原因导致的录入错误或数据规范不同。例如，将数据集中的"客单价"录入为"-180"。又如，在变量名"用户编码"下，某数据集的规范是"3位"，而另一个数据集中的要求为"5位"。

二是变量单位或量纲不匹配。例如，某数据集中的商品价格以"元"为单位，另一个数据集中的商品价格却以"万元"为单位。

三是数据特征不适应特定数据分析模型的需求或变量过多，分析难度较大。例如，客户系统分为男性客户和女性客户，但回归分析模型中要求数据是数值型的，这样就必须将其转为 0 与 1 后进行处理。

三、评估数据质量的标准

数据质量主要从以下四个方面来进行评估。

（一）完整性

完整性是指数据信息是否存在缺失的情况。数据缺失可能是整个数据的记录缺失，也可能是数据中某个字段信息的记录缺失。不完整的数据所能借鉴的价值大大降低，因此完整性是数据质量最为基础的一项评估标准。在传统关系型数据库中，完整性通常与空值（NULL）有关。空值是缺失或不知道具体值的值。另外，完整性还可通过数据统计中的记录值和唯一值进行评估。例如，网站日志访问就是一个记录值，平时的日访问量在 1000 次左右，如果某一天降到 100 次，就需要检查数据是否存在缺失。又如，网站统计地域分布情况的每一个地区名就是一个唯一值，我国包括 34 个省级行政区，如果统计得到的唯一值小于 34，则可以判断数据存在缺失。

对于数据中某个字段信息的记录缺失，可以对统计信息中的空值个数进行检验。如果某个字段信息理论上必然存在，如访问的页面地址、购买的商品 ID 等，那么这些字段的空值个数就应该是 0，此时我们可以使用非空约束来保证数据的完整性。对于某些允许为空值的字段，我们同样可以使用统计的空值个数来计算空值占比。如果空值的占比明显增大，那么很有可能这个字段的记录出现了问题，信息出现了缺失。

（二）一致性

一致性是指数据是否合乎规范，数据集内的数据是否保持统一的格式。

数据质量的一致性主要体现在数据记录的规范和数据是否符合逻辑。数据记录的规范主要体现在数据编码和格式上。一项数据有它特定的格式，如手机号码一定是由 11 位的数字组成的，邮箱由"@"组成固定格式，IP 地址是由 4 个 0～255 的数字加上"."组成的；此外，还有一些预先定义的数据约束，如完整性的非空约束、唯一值约束等。逻辑则是指多项数据间存在着固定的逻辑关系及一些预先定义的数据约束。例如，页面浏览（Page View，PV）量一定是大于或等于独立访客（Unique Visitor，UV）量的，跳出率一定为 0～1。数据的一致性检验是数据质量检验中比较重要且比较复杂的一项。

微课视频 14：评估数据质量的标准和数据预处理方式

如果数据记录格式有标准的编码规则,那么对数据记录的一致性检验比较简单,只要验证所有记录是否满足这个编码规则即可。而在一致性检验中,逻辑规则的验证相对比较复杂,很多时候指标的统计逻辑的一致性需要底层数据质量的保证,同时要有非常规范和标准的统计逻辑的定义,所有指标的计算规则必须保证一致。

(三)准确性

准确性是指数据记录的信息是否存在异常或错误。和一致性不一样,导致一致性问题的原因可能是数据记录规则不同,但它不一定是错误的。而存在准确性问题的数据不仅是规则上的不一致,还包括异常或小的数据及不符合有效性规则的数据,如访问量一定是整数、年龄一般为 1~100、点击率一定是 0~1 的值等。关注准确性实际上是关注数据中的错误,最常见的数据准确性问题就是乱码。

数据的准确性问题可能存在整个数据集中,也可能存在个别记录中。如果整个数据集的某个字段的数据存在错误,如常见的数量级记录错误,这种错误很容易被发现,利用平均数和中位数就可以发现这类问题。当数据集中存在个别的异常记录时,可以使用最大值和最小值的统计量去检验,也可以使用箱线图让异常记录一目了然。

(四)及时性

及时性是指数据从产生到可以查看的时间间隔,也叫数据的延时时长。及时性对数据分析本身的要求并不高,但如果数据分析周期加上数据建立的时间过长,就可能导致分析得出的结论失去借鉴意义。所以,我们需要关注数据的及时性。例如,每周的数据分析报告要两周后才能出来,那时,通过分析得出的结论可能已经失去了及时性。同时,某些实时分析和决策需要用到小时级或分钟级的数据,它们对数据的及时性要求极高。所以,及时性也是数据质量的评价标准之一。

🖊 想一想:

> 数据分析员在评估数据质量时,发现某条记录中的邮箱字段的值为 17986××××@126,这违反了数据质量评价中的哪一点?

截至目前,我国最权威的数据质量标准是由全国信息技术标准化技术委员会提出的数据质量评价指标。

知识链接:我国信息技术数据质量评价指标

四、数据预处理的方法

通过各种渠道收集来的数据，常出现缺失、异常、冗余、不一致等现象，并不能直接为数据分析所用。此外，一些成熟的数据分析模型对处理的数据有特定的要求，如一定的数据类型、统一的数据量纲，以及数据的冗余性要求、属性的相关性要求等。因此，对原始数据必须先评估数据质量，再进行数据预处理，然后进行数据分析。数据预处理的总体目标是为进行后续的数据挖掘工作提供可靠和高质量的数据，减少数据集规模，提高数据抽象程度和数据挖掘效率。

为了得到高质量的数据，数据预处理之前需要制定和明确统一的数据质量标准，在数据预处理的过程中需要做到以下四点。

（1）检测并去除数据中所有明显的错误和噪声。

（2）尽可能地减少人工干预和用户的编程工作量，并且容易扩展到其他数据源。

（3）与数据转化相结合。

（4）要有相应的描述语言来指定数据清洗和数据转化操作，并且这些操作应该在一个统一的框架下完成。

数据预处理是大数据处理流程中必不可少的关键步骤，更是进行数据分析和数据挖掘前的准备工作。我们一方面要保证挖掘数据的正确性和有效性，另一方面要通过对数据格式和内容的调整，使数据更加符合挖掘的需要。数据预处理的主要任务包括数据清洗、数据集成、数据变换、数据归约。数据预处理的流程如图 2-3 所示。

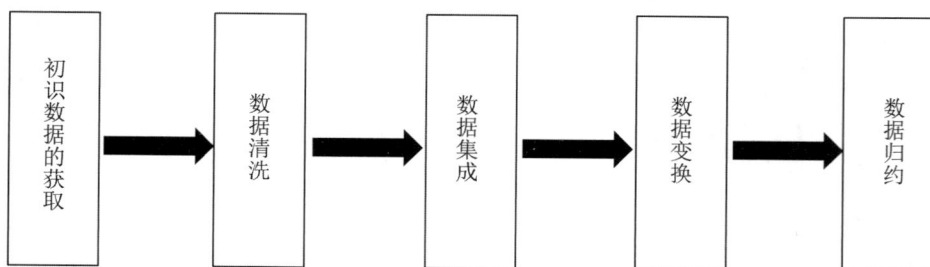

图 2-3　数据预处理的流程

学习感悟

如今，大数据在社会中扮演着越来越重要的角色，许多活动和流程对大数据的依赖正在增加。大数据并不在"大"，而在于"有用"，因此数据质量比数量更为重要。质量差的数据会带来重大的法律或声誉风险。例如，数据缺失导致信用风险评估不准确，信用记录不完整导致信用风险评估错误，等等。数据分析的质量高不高，一些没有必要的错误会不会犯，很大程度上取决于数据质量。因此，要避免最终决策错误，关键是要解决数据质量问题，而要解决数据质量问题在于是否能对数据进行严谨、及时的质量评估，并针对评估结果选择合适的数据预处理方法。

任务实训

1. ▓▓▓▓ 在线测试：数据质量评估。

2. 某数据分析员收集到某商城会员信息数据和会员消费数据，存入"实训数据.xlsx"中，请帮他检测数据存在的问题，并给出相应的数据预处理方法，填入表 2-2 中。

表 2-2　数据表问题检测

存在的问题类型	问题所在的位置（标注字段名、记录其编号）	解释	预处理方法

任务评价

评价类目	评价内容及标准	分值	自己评分	小组评分	教师评分
学习态度	✓ 全勤（5 分） ✓ 遵守课堂纪律（5 分）	10 分			
学习过程	➤ 能够说出本任务的学习目标，上课积极回答问题（5 分） ➤ 能够回答数据质量的影响因素（5 分） ➤ 能够回答数据的常见问题（5 分） ➤ 能够回答评估数据质量的标准（5 分）	20 分			
学习结果	◆ "在线测试"选择题和判断题的考评（3 分×10=30 分） ◆ 针对数据进行质量评估并提出预处理方法的考评（40 分）	70 分			
合　计		100 分			
所占比例		—	30%	30%	40%
综合评分					

任务三　数据清洗

任务清单

工作任务	数据清洗	教学模式	任务驱动
建议学时	2 课时	教学地点	一体化教室
任务描述	来自多样化数据源的数据内容并不一定完美，可能存在着许多"脏数据"，即缺失数据、错误数据和重复数据。数据清洗是数据预处理中非常重要的一步，是对数据进行重新审查和校验的过程；它的目的在于洗掉数据中的"脏、乱、差"的内容，保障数据质量。小王如何清洗采集到的数据中的"脏数据"呢？在清洗过程中可以采取什么策略呢		
任务目标	<ul><li>理解数据清洗的概念；</li><li>掌握缺失数据清洗的方法；</li><li>掌握重复数据清洗的方法；</li><li>掌握错误数据清洗的方法；</li><li>能熟练使用 Excel 对数据进行清洗操作；</li><li>能分析数据，搜寻错误，纠正错误；</li><li>具备在数据清洗工作中严谨和细致的素养</li></ul>		
关键词	缺失数据清洗、重复数据清洗、错误数据清洗、Excel 数据清洗方法		

知识必备

一、数据清洗的概念

数据清洗是指在数据集中发现不准确、不完整和重复的数据时，对这些数据进行修正或删除，从而提高数据质量的过程。在数据清洗的开始阶段，我们要做两件事。第一件是将数据导入处理工具，这里要看我们用什么数据分析工具。如果用的是 Excel 工具，那么需要先把数据从数据源采取过来后，转化为 Excel 可以打开的格式文件，再导入其中。第二件是查看数据。查看数据可分为两部分：第一，查看元数据，包括字段解释、数据来源、代码表等一切描述数据的信息；第二，抽取一部分数据，使用人工查看方式，对数据本身有一个直观的了解，并且初步发现一些问题，为之后的处理做准备。接下来就可以对缺失数据、重复数据、错误数据进行清洗了。

二、缺失数据清洗

缺失数据是最常见的数据缺失问题，在实际的数据采集过程中，缺失数据常常表示为空值、空白单元格或出现"NaN"的情况，也就是非数的

微课视频 15：缺失数据清洗

标识符。在处理缺失数据时，先确定缺失数据的范围，再对每个字段计算其缺失率，然后按照缺失率和字段的重要性分别制定策略。数据的缺失率与重要性的关系如图 2-4 表示。

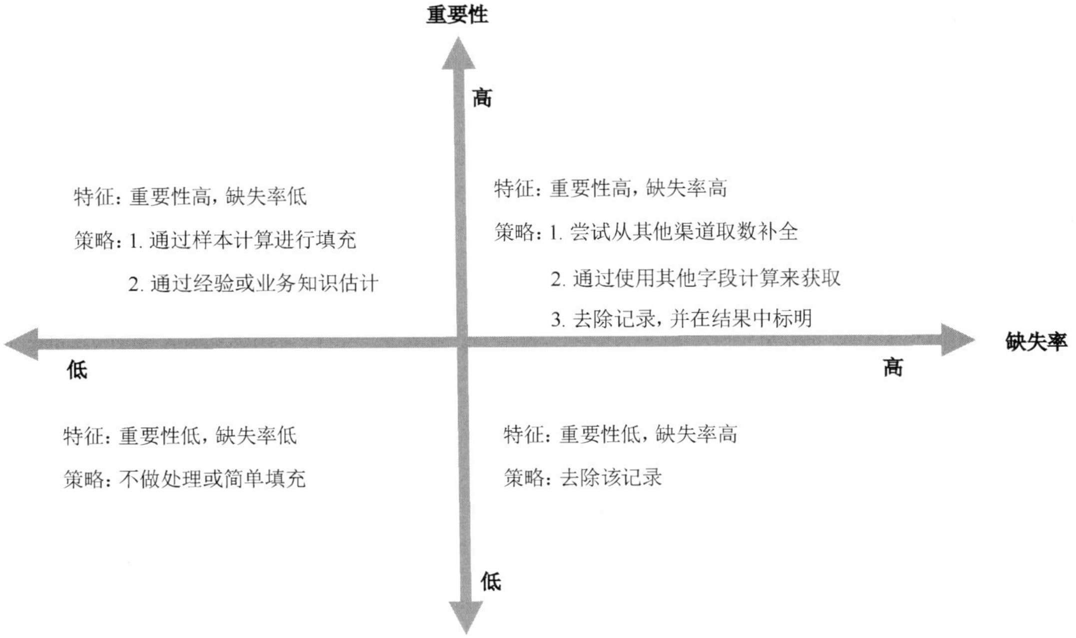

图 2-4   数据的缺失率与重要性的关系

如果缺失字段的重要性较高，为了保证数据的准确性，往往就会将数据补全。补全缺失数据的方法如下：①以同一指标的样本统计量数据（均值、中位数、众数等）填充，最典型的做法是用平均数替代，替代后由于平均数保持不变，因此其他的统计量也不会受到很大的影响；②以业务知识或经验推测填充；③以不同指标的计算结果填充；等等。当缺失字段的重要性较低且缺失率也较低时，可通过简单填充的方式将数据补全。如果某些指标非常重要但缺失率高，那么需要和取数人员或业务人员沟通，是否有其他渠道可以获取相关数据。

想一想：

一组数据为 3、31、15、9、17、24、8、28、（　　　　）。假设（　　　　）中的值是缺失数据，那么该如何处理呢？

下面以 Excel 为例，介绍 Excel 中缺失数据的清洗。Excel 中的缺失数据常常表示为空值或错误的标识符（#VALUE!）。在实际操作中，如果数据量较大，空值较多，那么我们没有办法靠眼睛观察找到空值的位置。这时可以用 Ctrl+G 键定位出数据中的所有空值，如图 2-5 所示，图中阴影部分表示某几天的总销售额是空值。

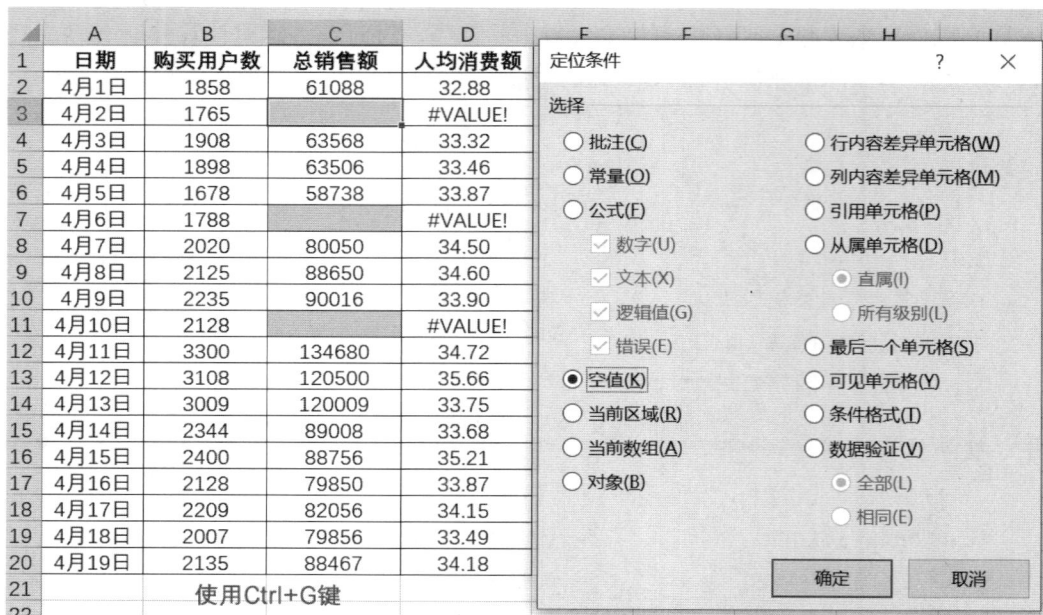

图 2-5　缺失数据的清洗示例

当定位空值后，就需要确定空值的处理方式。如图 2-5 所示，由于人均消费额由"总销售额/购买用户数"计算得到，而且通过观察，人均消费相对稳定，所以我们可以使用 4 月份的人均消费额的平均值来进行填充，进而得出该日的总销售额；也可以使用空值前后两天的数据取平均值进行填充。当填充值确定后，利用 Ctrl+Enter 键在选中的空值单元格中直接输入即可。

三、重复数据清洗

对于数据集中有着相同数值的数据被认为是重复数据。当数据表格中出现两条或多条完全相同的数据时，应将重复数据删除。

微课视频 16：重复数据清洗

数据库中属性值完全相同的记录被认为是重复记录，可通过判断记录间的属性值是否相等来检测记录是否重复。对于重复记录可合并为一条记录，即删除多余的记录。这里以 Excel 数据操作为例，介绍几种清洗重复值的方法。

（一）通过"数据"选项卡删除重复值

在 Excel 中删除重复值，或者删除某一个字段列中间的重复值，可以先把光标定位在数据区域，再单击"数据"选项卡中的"删除重复值"按钮。在弹出的对话框中选择需要删除重复值的列，如果选择全选，则删除全部重复记录，如图 2-6 所示。

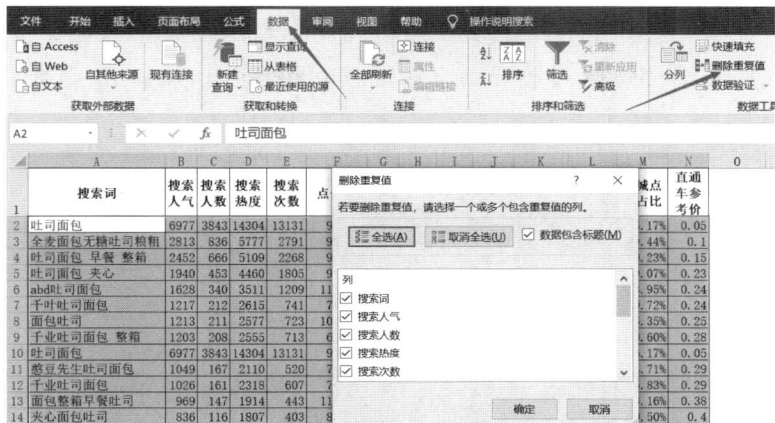

图 2-6　删除列中的重复值操作

单击"确定"按钮后，即会弹出有多少个重复值被删除，还保留了多少个唯一值的提示信息，如图 2-7 所示。

图 2-7　提示信息

（二）用 VLOOKUP 函数快速查询并删除重复值

VLOOKUP 函数是 Excel 中的一个纵向查找函数，其功能是按列查找，当查询到重复值时会返回对应的值，当查询不到重复值时会显示错误值。

在图 2-8 所示的需要处理的单号数据中，核对"剩余库存单号"中是否有已经出库的单号，如果有，则需要将其筛选出来进行删除，以便动态更新库存信息。

图 2-8　需要处理的单号数据

（1）选中 B2 单元格，单击"公式"选项卡中的"插入函数"按钮，在弹出的"插入函数"对话框中拖动"选择函数"垂直滚动条，找到 VLOOKUP 函数并选中它，如图 2-9 所示。

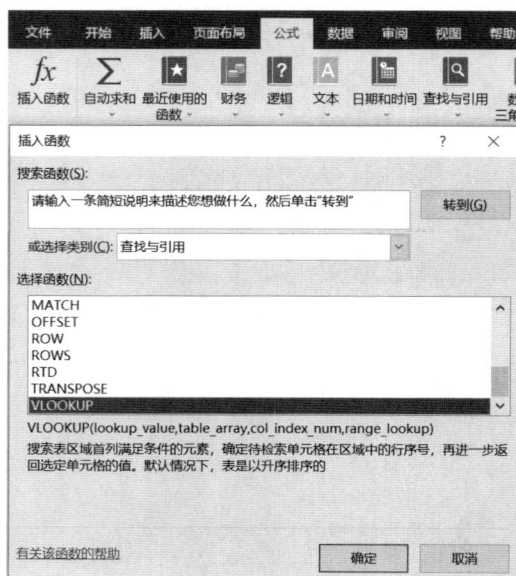

图 2-9　选中 VLOOKUP 函数

（2）设置 VLOOKUP 函数中的各项参数。在"函数参数"对话框（见图 2-10）的"VLOOKUP"选区中，第一行，"Lookup_value"是需要查找的值，为 A2；第二行，"Table_array"是需要核对的数据源数据区域，选中 D 列；第三行，"Col_index_num"是满足条件单元格在数组区域"Table_array"中的列序号，此处只有 1 列，首列序号设置为 1，这样当数据区域中有这个值时，它就自动输出这个值；第四行，"Range_lookup"为查找精度，参数值设置为 0 是精确查找。当对每项参数进行设置时，下方会有提示信息。

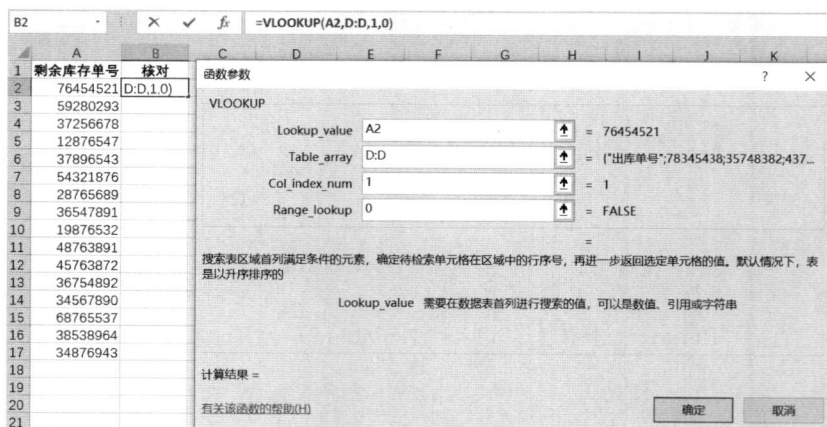

图 2-10　"函数参数"对话框

（3）拖曳 B2 单元格右下方的小方块填充至 B17 单元格，查询结果可见 B5、B11 单元格内的数据为两个重复单号，如图 2-11 所示。

	A	B	C	D
1	剩余库存单号	核对		出库单号
2	76454521	#N/A		78345438
3	59280293	#N/A		35748382
4	37256678	#N/A		43784746
5	12876547	12876547		48763891
6	37896543	#N/A		45748468
7	54321876	#N/A		76634553
8	28765689	#N/A		12848835
9	36547891	#N/A		12876547
10	19876532	#N/A		
11	48763891	48763891		
12	45763872	#N/A		
13	36754892	#N/A		
14	34567890	#N/A		
15	68765537	#N/A		
16	38538964	#N/A		
17	34876943	#N/A		
18				

图 2-11　查询结果（一）

（4）选中 B 列，单击"数据"选项卡中的"筛选"按钮，单击 B 列的 ▼ 图标，在弹出对应属性的筛选搜索框中勾掉"#N/A"的筛选条件，将重复的筛选结果删除。这样可以只显示重复数据，方便删除，如图 2-12 所示。

	A	B	C	D
1	剩余库存单号	核对 ▼		出库单号
5	12876547	12876547		48763891
11	48763891	48763891		

图 2-12　筛选结果

（三）用 COUNTIF 函数简单查询并删除重复值

COUNTIF 函数是 Excel 中对指定区域中符合条件的单元格计算的函数。下面仍以上述要处理的数据为例，介绍应用 COUNTIF 函数查询并删除重复值的方法。

（1）在数据表格中选中 B2 单元格，在"插入函数"对话框中选择 COUNTIF 函数。

（2）COUNTIF 函数的参数设置如图 2-13 所示。在"函数参数"对话框的"COUNTIF"选区中，第一行，"Range"是要计算的非空单元格数目的区域，选中 D 列；第二行，"Criteria"是以数字、表达式或文本形式定义的条件，设置为 A2。

图 2-13　COUNTIF 函数的参数设置

（3）拖曳 B2 单元格右下方的小方块填充至 B17 单元格，查询结果可见 B5、B11 单元格内的数据为两个重复单号，在核对列显示的数值为 1，如图 2-14 所示。

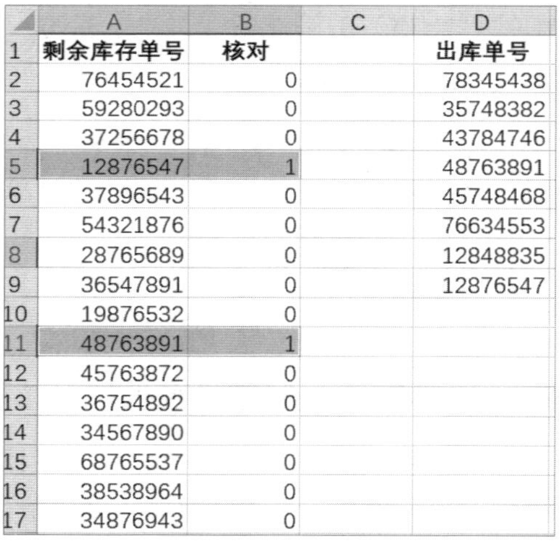

图 2-14　查询结果（二）

（4）筛选出核对列数值为 1 的结果，并删除重复值。

（四）用条件格式快速核对并删除重复值

（1）选中要核对的数据区域，单击"开始"选项卡中的"条件格式"按钮，选择"突出显示单元格规则"中的"重复值"选项，如图 2-15 所示。

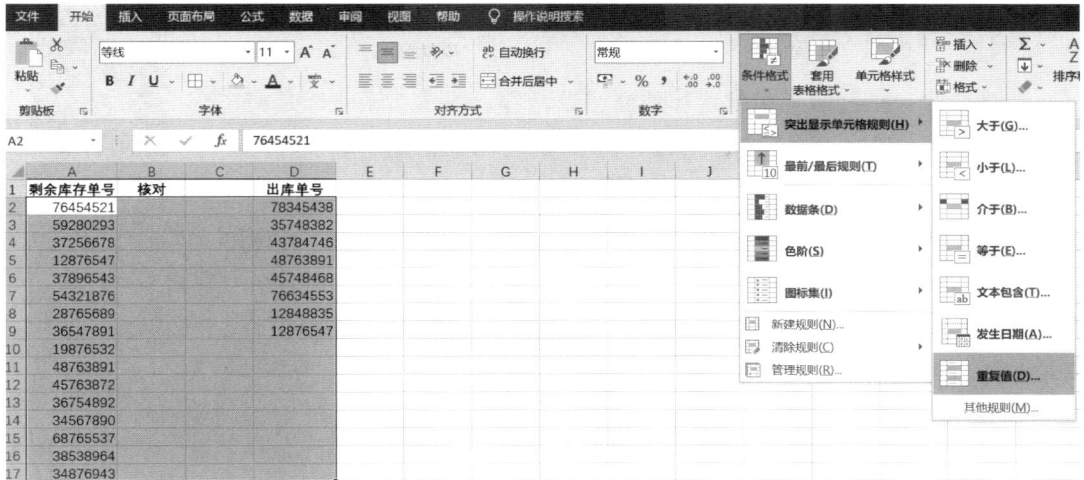

图 2-15　选择"重复值"选项

（2）在弹出的"重复值"对话框中为包含重复值的单元格设置格式，如图 2-16 所示。

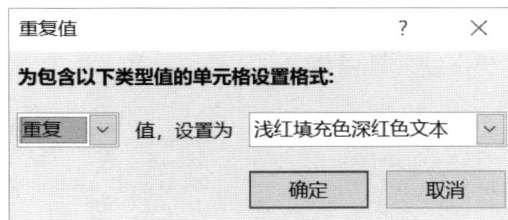

图 2-16　设置包含重复值的单元格格式

（3）包含重复值的单元格格式设置结果如图 2-17 所示，删除突出显示的重复值。

图 2-17　包含重复值的单元格格式设置结果

四、错误数据清洗

微课视频 17：错误数据清洗

错误数据一般包括格式错误和数据错误两种。格式错误一般是指在人工收集或用户输入时，出现的格式错误，如时间、日期、数值、全半角等显示格式不一致，单位不一致，等等。对于这种错误，一般处理方式为将其整理成一致的某种格式。数据错误是指数据范围超出合理区间的数据，它会影响处理结果的可靠性，对于错误数据，处理方式通常为删除不合理值及修正矛盾内容。错误数据清洗的难点在于如何发现错误数据，这里以 Excel 数据操作为例介绍几种基本判断方法。

（一）通过筛选法发现数据中的异常值

对于 Excel 数据，用筛选法可以发现一些异常值，以图 2-18 所示数据为例，先单击"数据"选项卡中的"筛选"按钮，再单击每一列的 ▾ 图标，弹出对应属性的筛选搜索框，即可快速发现开单日期中的"1900"不合适，商品编号中的中文"编号"不合适，还能发现销售单价中的"14。35"错误。对于这些异常值可进行修订或删除。当然，在筛选过程中还可结合排序等方法，进一步发现异常值。

图 2-18　用筛选法发现数据中的异常值

（二）通过常识统计分析方法发现数据中的异常值

拿到数据后可以对数据进行一个简单的描述性统计分析，如最大值和最小值可以用来判断这个变量的取值是否超出合理的范围，假如客户的年龄为-20 岁或 200 岁，显然是不合理的，即为异常值。在 Excel 中可以使用 MAX 函数或 MIN 函数求出某一列的最大值或最小值，也可以对数据进行升序或降序排列，即可快速找到最大值和最小值。

（三）通过箱线图检测异常值

绘制箱线图是检测异常值的常用方法，其主要优点是简便、直观。箱线图如图 2-19 所示，是由数据的上边界、上四分位数、平均值、中位数、下四分位数和下边界组成的图形，其中上边界和下边界所代表的是临界值，超过上边界或下边界的离群点为需要关注的异常值。

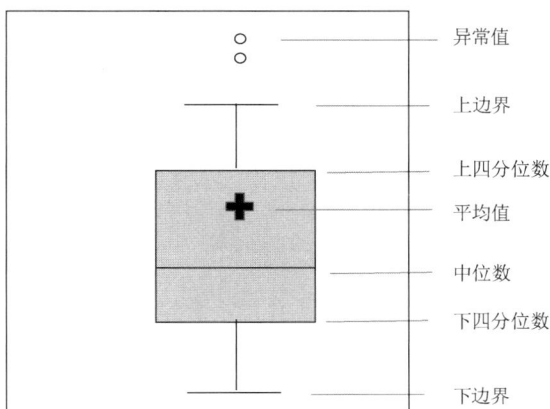

图 2-19　箱线图

箱线图可以通过多种软件制作，如 Tableau、Excel 等。为了更好地理解和应用，下面介绍用 Excel 来制作箱线图的方法，从而快速发现异常值。

（1）本案例分析的是某电商网站自 2022.3.1—2022.3.20 的销售数量的异常值。打开 Excel，选中"销售数量"一栏的数据区域，单击"插入"选项卡中"图表"组后面的 ⬒ 按钮，如图 2-20 所示。

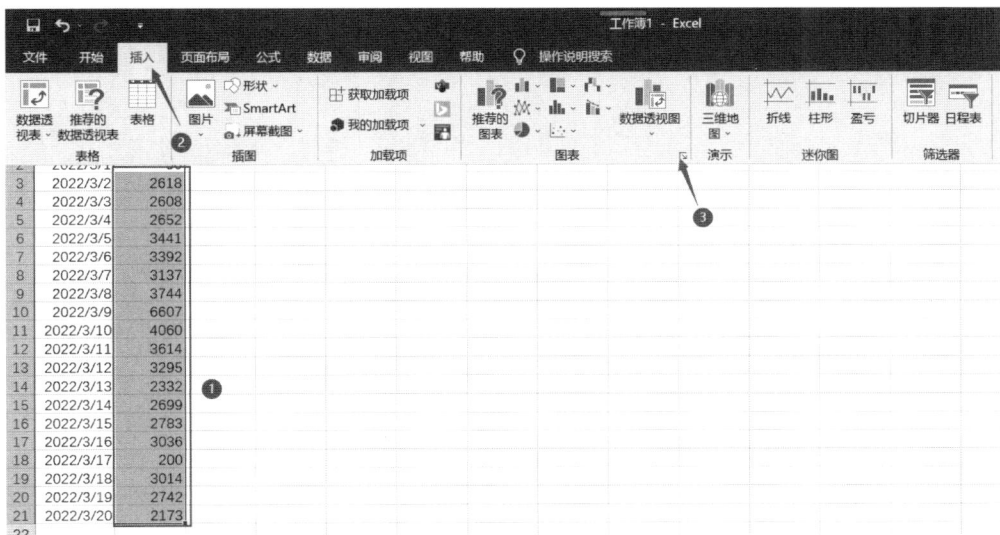

图 2-20　单击"图表"按钮

（2）在"插入图表"对话框中选择"所有图表"选项卡，选择"箱形图"选项，如图 2-21 所示。

图 2-21 选择"箱形图"选项

（3）生成的箱形图如图 2-22 所示。结果显示，箱形图中超过上边界、下边界的 3 个销售数量（56、6607、200）可能为异常值。

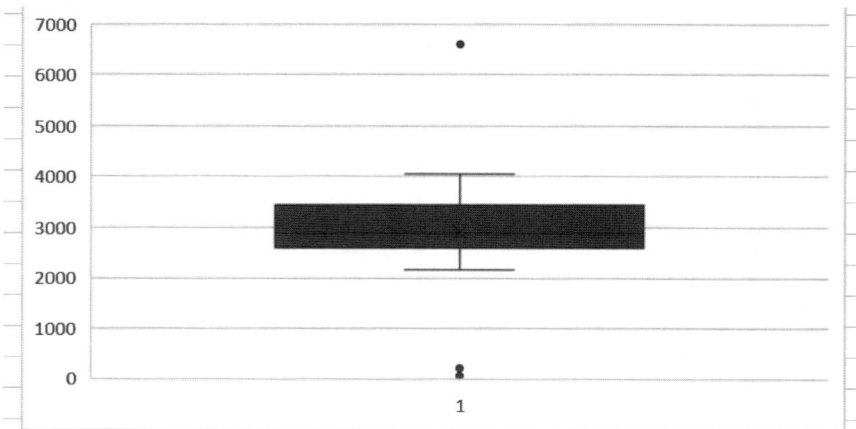

图 2-22 生成的箱形图

找到异常值后可以结合具体业务进一步判断。这种异常值一般可以采用以下 3 种方法来处理。

① 参考后续的数据分析模型，选择删除或保留异常值。

② 用一个样本统计量去代替异常值，如平均值、中位数、众数等。

③ 分箱法，即通过考察相邻数据的取值对异常值进行平滑处理，可视为一种局部平滑方法。首先将异常值所在指标下的所有数据按照大小排序，并适当分组（也称作分箱），然后用组内数据的平均值、中位数或边界值来代替异常值。在分组时，如果每个箱的数据个数相同就为等深分箱；如果每个箱内数据值的区间范围是一个常量就为等宽分箱。

学习感悟

数据清洗，洗掉的是数据集中残缺、错误、重复的"脏数据"，旨在提高数据的质量，缩小数据分析和挖掘过程中的误差值。不同类型的数据异常所要用到的方法有所不同，因此我们拿到原始数据之后，需要先分析都有什么样的数据异常，再采用相应的方法进行清洗，正所谓"对症下药"，方能"药到病除"，忌直接抛弃异常值，忽视业务中真实数据的状态。同时，在数据清洗过程中，一般需要依赖复杂的关系模型，但是这会带来额外的计算和延迟开销，因此在实际的数据清洗过程中必须在数据清洗模型的复杂性和分析结果的准确性之间进行平衡。

任务实训

1. 在线测试：数据清洗。

2. 针对本章任务二中的"实训数据.xlsx"存在的问题进行以下数据清洗操作。

（1）重复值处理。

以会员编号为每条记录的唯一标识，查询会员编号是否有重复值，删除重复值。

（2）空值处理。

使用条件格式查找空值法或 Ctrl+G 键快速查找空值法，定位空值后，分析每个空值所代表的信息及数据重要性、缺失率，选用合适的方法对缺失值进行处理。

（3）异常值处理。

针对异常值，选用合适方法进行处理。

任务评价

评价类目	评价内容及标准	分值	自己评分	小组评分	教师评分
学习态度	✓ 全勤（5 分） ✓ 遵守课堂纪律（5 分）	10 分			
学习过程	➤ 能够说出本任务的学习目标，上课积极回答问题（5 分） ➤ 能够回答清洗缺失数据的思路（5 分） ➤ 能够回答清洗重复数据的思路（5 分） ➤ 能够回答清洗错误数据的思路（5 分）	20 分			
学习结果	◆ "在线测试"选择题和判断题的考评（3 分×10=30 分） ◆ 使用 Excel 进行缺失数据、重复数据、错误数据清洗的实操考评（40 分）	70 分			
合　　计		100 分			
所占比例		—	30%	30%	40%
综合评分					

任务四　数据集成、变换和归约

任务清单

工作任务	数据集成、变换和归约	教学模式	任务驱动
建议学时	2 课时	教学地点	一体化教室
任务描述	用于大数据分析的数据往往是来自不同数据源，且具有数据类型多、表现形式多样、数据量大、数据属性多等特点。这样很可能会出现数据冲突、数据冗余、数据特征不明显、数据表现形式不适合挖掘的情况。为了使接下来的数据分析和数据挖掘更有效率，减少数据分析和数据挖掘时的数据处理量，改进数据质量，提供干净、准确且更有针对性的数据势在必行。但是，如何做到这一点呢？这就要用到数据集成、数据变换、数据归约		
任务目标	● 理解数据集成的概念； ● 掌握数据集成解决的主要问题； ● 理解数据变换的概念； ● 掌握常用的数据变换策略； ● 理解数据归约的概念； ● 掌握常用的数据归约策略； ● 能根据数据特点对数据进行简单的数据集成、变换和归约处理； ● 具备敏锐的数据逻辑判断能力、严谨细致的工作作风		
关键词	数据集成、数据变换、数据归约、策略		

知识必备

一、数据集成

假设你是某公司的管理人员，你想在分析数据时使用来自多个数据源的数据，这就涉及将多个数据源中的数据整合到一个一致的数据存储（如数据仓库）中，由于数据源存在多样性，有可能导致数据冗余或部分数据不一致，这时候就要对数据进行数据集成。数据集成是在逻辑上和物理上把来自不同数据源的数据合并存放到一个一致的数据存储中，核心任务是将互相关联的分布式异构数据源集成到一起，减少结果数据集中冗余和不一致问题，提高后面数据挖掘过程的准确性和速度。常见的数据集成方法有联邦数据库方法、中间件集成方法和数据仓库方法三种。数据仓库方法是一种基于数据复制的方法，基本思想是将多个不同数据源的数据复制到数据仓库中，方便用户访问。

在数据集成过程中需要处理的问题主要分为以下三类。

（一）实体识别问题

在数据集成时，来自多个信息源的现实世界的等价实体如何才能匹配呢？这就涉及实体识别问题。实体识别就是为了匹配不同数据源的现实实体，如 A.user-id=B.customer_id。通常根据数据库或数据仓库中的元数据来区分模式集成中的错误。每个属性的元数据包括名称、含义、数据类型和属性的允许取值范围，以及处理空白、零或 NULL 值的空值规则。在集成期间，当一个数据库的属性与另一个数据库的属性匹配时，需要注意匹配数据的结构以保障原模式数据之间的关系在集成后的模式中仍然适用。针对数据值冲突，需要根据元数据提取该属性的规则，并在目标系统中建立统一的规则，将原始属性值转换为目标属性值。

（二）冗余问题

集成多个数据源时，冗余数据经常会出现，常见的是冗余属性。如果一个属性可以由另外一个表导出，那么它是冗余属性。例如，"年薪"可以由"月薪"计算出来，则"年薪"就被视为冗余属性。另外，冗余数据还包括同一属性多次出现、同一属性命名不一致等情况，如同样的会员编号，在 A 系统中字段名是"会员编号"，在 B 系统中是"ID"，如图 2-23 所示。

另外，有些冗余还可以被相关分析检测到。例如，给定两个属性，相关分析可以根据可用数据度量一个属性能在多大程度上蕴含另一个属性。

63

	A	B	C	D	E	F	G	H
1	会员编号	ID	年龄	性别	联系手机	收货地址	消费金额	消费次数
2	97485	97485	40	男	137****8004	广东省 深圳市 大鹏新区	123930.9	57
3	190695	190695	45	女	158****5099	广东省 深圳市 福田区	12190.56	128
4	489376	489376	30	女	136****8028	广东省 深圳市 龙岗区	71840.14	134
5	493834	493834	47	女	139****2634	广东省 深圳市 龙岗区	23762.49	132
6	558903	558903	36	female	187****4577	广东省 中山市 小榄镇	27332.7	8
7	559569	559569	48	male	135****1048	广东省 广州市 花都区	33045.17138	114
8	893869	893869	29	女	186****1665	广东省 梅州市 梅县区	3816.36	159
9	1333727	1333727	33	female	181****8906	广东省 广州市 白云区	84944.22	92
10	1893133	1893133	29	男	137****0703	广东省 广州市 白云区	3596.43	141
11	2263904	2263904	33	男	150****1945	广东省 深圳市 罗湖区	23314.97	127
12	2310007	2310007	32	女	186****0221	广东省 深圳市 南山区	12301.06	133

图 2-23 冗余数据

（三）数据冲突的检测与处理

对于现实世界的统一实体，来自不同数据源的属性值可能是不同的。这可能是因为数据的表示、比例、编码、数据类型、单位、字段长度不同，产生了数据冲突。例如，质量属性在一个系统中采用公制，而在另一个系统中采用英制；相同的价格属性在不同的地点采用不同的货币单位；性别属性在不同的地点采用不同的表示法；消费金额采用不同的精确位数，如图 2-24 所示。

	会员编号	ID	年龄	性别	联系手机	收货地址	消费金额
1							
2	97485	97485	40	男	137****8004	广东省 深圳市 大鹏新区	123930.9
3	190695	190695	45	女	158****5099	广东省 深圳市 福田区	12190.56
4	489376	489376	30	女	136****8028	广东省 深圳市 龙岗区	71840.14
5	493834	493834	47	女	139****2634	广东省 深圳市 龙岗区	23762.49
6	558903	558903	36	female	187****4577	广东省 中山市 小榄镇	27332.7
7	559569	559569	48	male	135****1048	广东省 广州市 花都区	33045.17138
8	893869	893869	29	女	186****1665	广东省 梅州市 梅县区	3816.36
9	1333727	1333727	33	female	181****8906	广东省 广州市 白云区	84944.22
10	1893133	1893133	29	男	137****0703	广东省 广州市 白云区	3596.43
11	2263904	2263904	33	男	150****1945	广东省 深圳市 罗湖区	23314.97
12	2310007	2310007	32	女	186****0221	广东省 深圳市 南山区	12301.06

图 2-24 数据冲突

二、数据变换

数据变换是指将数据从一种表现方式转为另一种表现方式的过程，基本思想是找到数据的特征表示，对数据进行平滑、属性构造、聚集、离散化及规范化操作，达到减少有效变量的数目或找到数据的不变式。

在数据预处理阶段，数据被变换或统一，使数据挖掘过程更有效，数据挖掘模式更容易理解。数据变换策略包括以下几种。

（一）平滑

平滑是去掉数据中的噪声，将连续的数据离散化，增加粒度。平滑方法包括分箱法、聚类法和回归法。

1. 分箱法

分箱法是指把待处理的数据按照一定的规则放进一些箱子里，考察每一个箱子中的数据，采用某种方法分别对各个箱子中的数据进行处理。箱子是按照属性值划分的子区间，如果一个属性值处于某区域范围内，就把该属性值放进这个子区间代表的箱子里。分箱平滑处理一般分为按平均值平滑、按边界值平滑、按中值平滑三种方式。

例如，将价格排序后的数据（元）：4、8、9、15、21、21、24、25、26、28、29、34 划分为等深的箱子，其平滑处理结果如表 2-3 所示。

表 2-3 分箱平滑处理结果

箱子	等深分箱法	按平均值平滑	按边界值平滑	按中值平滑
箱 1	4 8 9 15	9 9 9 9	4 4 4 15	8.5 8.5 8.5 8.5
箱 2	21 21 24 25	23 23 23 23	21 21 25 25	22.5 22.5 22.5 22.5
箱 3	26 28 29 24	29 29 29 29	26 26 26 34	28.5 28.5 28.5 28.5

需要注意的是，用边界值平滑时，要先确定两个边界值，再依次计算除边界值外的其他值与两个边界值的距离，将与之距离最小的边界值确定为平滑边界值。具体计算如下。箱 1：两个边界值为 4 和 15；第二个数 8 与两个边界值的距离分别为|8-4|=4，|8-15|=7，所以选择 4 作为平滑边界值；第三个数 9 与两个边界值的距离分别为|9-4|=5，|9-15|=6，所以选择 4 作为平滑边界值；故箱 1 最终结果为(4 4 4 15)。箱 2：两个边界值为 21 和 25；第二个数 21 与两个边界值的距离分别为|21-21|=0，|21-25|=4，所以选择 21 作为平滑边界值；第三个数 24 与两个边界值的距离分别为|24-21|=3，|24-25|=1，所以选择 25 作为平滑边界值；故箱 1 最终结果为(21 21 25 25)。箱 3 计算方法同上，此处不再赘述。

2. 聚类法

聚类是指将物理或抽象对象的集合分为不同的簇，找出并清除那些位于簇之外的值（孤立点），以此来发现错误数据。簇是一组数据对象的集合，同一簇内的所有对象具有相似性，不同簇间的对象具有较大差异性。因此，简单地说，聚类就是取得相对比较集中的值，忽略相对分散的值，如图 2-25 所示。

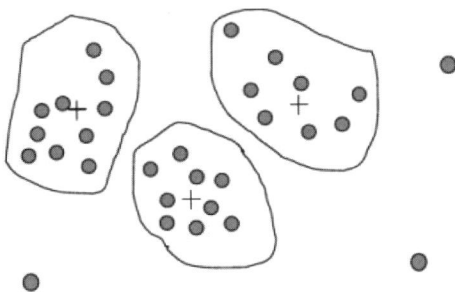

图 2-25 聚类示意图

3. 回归法

回归是指发现两个变量之间的变化模式，通过使数据适合一个函数来平滑数据，即利用拟合函数对数据进行平滑。回归包括线性回归和非线性回归。线性回归是利用直线建模，将一个变量看作另一个变量的线性函数，如 $y=ax+b$，其中 a、b 称为回归系数，其值可利用最小二乘法求得。在 Excel、SPSS 等软件中都可以很容易地实现线性回归和非线性回归。线性回归示意图如图 2-26 所示。

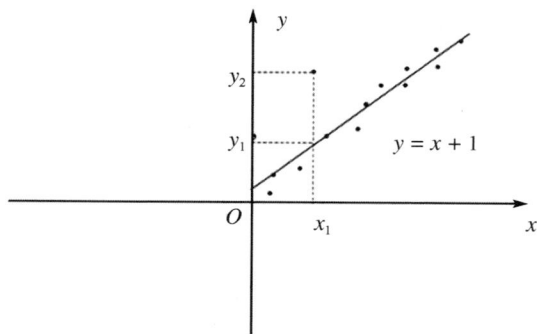

图 2-26　线性回归示意图

（二）属性构造（或特征构造）

属性构造（或特征构造）可以由给定的属性构造新的属性并添加到属性集中，以便于挖掘。例如，根据宽、高属性可以构造一个新属性——面积。

（三）聚集

对数据进行汇总和集中，在 Excel 中可以通过 SUM、COUNT 等函数来实现。例如，可以聚集日销售数据，计算月销售量和年销售量。通常，这一步用来为多个抽象层的数据分析构造数据立方体。

（四）数据概化

数据概化是指用更高层次、更抽象的概念来取代低层次或数据层的数据对象。例如，街道属性就可以概化到更高层次的概念——城市、国家；对于数值型属性，如年龄属性，可以用区间标签（如 0～10、11～20 等）或概念标签（如年轻、中年、老年）替换。这些标签可以递归地组织成更高层次的概念，使数值型属性的概念分层。如图 2-27 所示，将年龄数据概化（离散化），年龄为 20～30 岁（不含 30 岁）的赋值为 1，30～40 岁（不含 40 岁）的赋值为 2，40～50 岁的赋值为 3。

会员编▼	年龄▼	龄（离散▼	性别▼	联系手机▼	收货地址 ▼	消费金额▼	消费次▼
97485	40	3	男	1378004	广东省 深圳市 大鹏新区	123930.90	57
190695	45	3	女	1585099	广东省 深圳市 福田区	12190.56	128
489376	30	2	女	1368028	广东省 深圳市 龙岗区	71840.14	134
493834	47	3	女	1378004	广东省 深圳市 龙岗区	23762.49	132
558903	36	2	女	1874577	广东省 中山市 小榄镇	27332.70	8
559569	48	3	男	1351048	广东省 广州市 花都区	33045.17	114
893869	29	1	女	1861665	广东省 梅州市 梅县区	3816.36	159
1333727	33	2	女	1818906	广东省 广州市 白云区	84944.22	92
1893133	29	1	男	1370703	广东省 广州市 白云区	3596.43	141
2263904	33	2	男	1501945	广东省 深圳市 罗湖区	23314.97	127
2310007	32	2	女	1860221	广东省 深圳市 南山区	12301.06	133

图 2-27　数据概化

（五）规范化

把属性数据按比例缩放，使之落入一个特定的小区间，如-1.0～1.0 或 0.0～1.0，以消除数值型属性因为大小不一致而造成挖掘结果的偏差。数据规范化的主要作用有两个：一是去掉量纲，使指标之间具有可比性；二是将数据限制在一定区间内，使运算更为便捷。

三、数据归约

数据归约是指在尽可能保持数据原貌的前提下，最大限度地精简数据量。数据归约技术可以用来得到数据集的归约表示，归约后的数据集比原数据集小得多，但仍近似地保持原数据的完整性。数据归约的策略包括以下几种。

（一）数据立方体聚集

在图 2-28（a）中，销售数据按季度显示；在图 2-28（b）中，数据聚集提供年销售额。我们可以看出，图 2-28（b）中的数据量比图 2-28（a）中的数据量小得多，但并不丢失分析任务所需的信息。

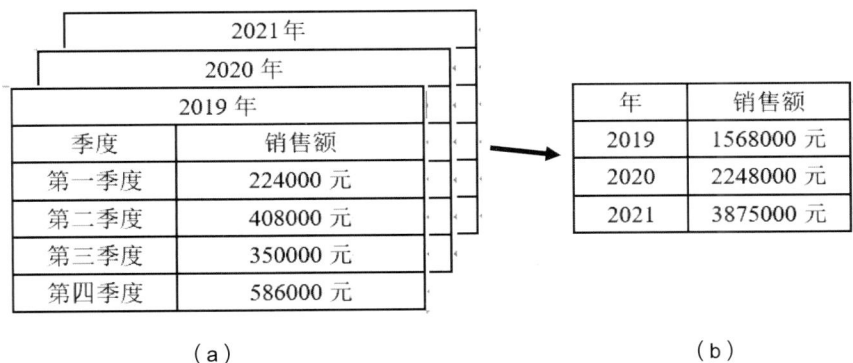

季度	销售额
第一季度	224000 元
第二季度	408000 元
第三季度	350000 元
第四季度	586000 元

（2021年 / 2020年 / 2019年）

年	销售额
2019	1568000 元
2020	2248000 元
2021	3875000 元

（a）　　　　　　　　　　　　（b）

图 2-28　销售数据

想一想：

通过上述数据聚集后，数据量明显减少，这样是否会丢失分析任务所需的信息呢？

通过图 2-3，我们对数据立方体有了一个感性的认知。在最低抽象层创建的立方体称为基本方体。基本方体应当对应于感兴趣的个体实体。

（二）属性子集选择

属性子集选择也叫维归约，通过删除不相关或冗余的属性（或维）减少数据量。属性子集选择的目标是找出最小属性集，使数据类的概率分布尽可能地接近使用所有属性的原分布。在缩小的属性集上挖掘还有其他优点：减少了出现在发现模式上的属性数目，使模式更易于理解。例如，挖掘网民是否愿意购买视频软件 VIP 的分析规则时，数据中的网民电子邮箱很可能与挖掘任务无关，应该去掉。

这里主要介绍三种属性子集选择方法：逐步向前选择、逐步向后删除和判定树（决策树）归纳。其中，逐步向前选择和逐步向后删除可以结合使用。

1. 逐步向前选择

从一个空属性集（作为属性子集初始值）开始，每次从原来属性集中选择一个当前最优的属性添加到当前属性子集中，直到无法选择出最优属性或满足一定阈值约束为止。

2. 逐步向后删除

从一个全属性集（作为属性子集初始值）开始，每次从当前属性集中选择一个当前最差的属性并将其从当前属性子集中消去，直到无法选择出最差属性或满足一定阈值约束为止。

3. 判定树（决策树）归纳

利用决策树的归纳方法对初始数据进行归纳学习，获得一个初始决策树，所有没有出现在这个决策树的属性均认为是无关属性，因此将这些属性从初始属性集中删除，就可以获得一个较优的属性子集。

例如，假设初始属性集为{A1,A2,A3,A4,A5,A6}，我们对这个初始属性集进行分类归纳学习，获得了一个初始决策树（见图 2-29）。那么，利用此决策树归纳后，获得属性子集{A1,A4,A6}。

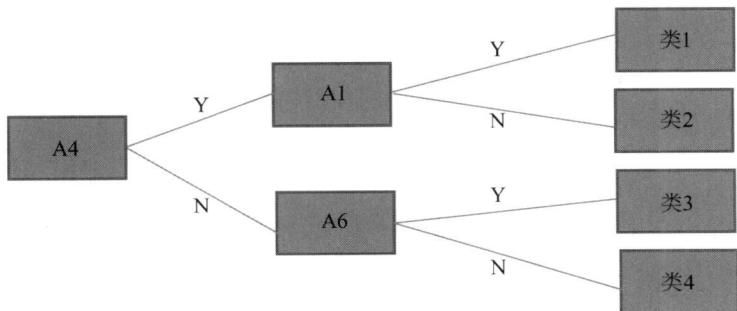

图 2-29　决策树归纳示意图

（三）数据压缩

利用数据编码或数据转换将原来的数据集压缩为一个较小规模的数据集。

（1）无损压缩：可以不丢失任何信息地还原压缩数据，如字符串压缩，压缩格式为 zip 或 rar。

（2）有损压缩：只能重新构造原始数据的近似表示，如音频或视频压缩。

（四）数值归约

数值归约是通过选择替代的、较小的数据表示形式来减少数据量的。

（1）有参方法：通常使用一个参数模型来评估数据。该方法只需要存储参数，而不需要实际数据，能大大减少数据量，但只对数值型数据有效。

（2）无参方法：需要存放实际数据，如使用直方图、聚类、抽样、离散化等技术来实现。

学习感悟

并不是所有的原始特征数据都可以直接为后续的数据分析提供信息，有些是需要经过处理的，有些甚至是干扰项。数据的集成、变换和归约就是为了排除干扰项，对数据进行特征创建，以便更好地服务于数据分析或数据挖掘工作。数据集成是把不同来源、格式、特点的数据在逻辑上或物理上有机地集中，从而为企业提供全面的数据共享。数据变换主要是对数据进行规范化处理，通过相应的变换操作，能够将数据变换到正态分布中，消除数据之间的量纲问题，使数据看起来更加的规整。数据归约是最大限度地精简数据量，但是不能丢失分析任务所需的信息。完成这些工作的必要前提是需要我们具有敏锐的数据逻辑判断能力，熟悉数据本身的内容和理解数据分析的需求，同时具有严谨细致的工作作风。

任务实训

1. 在线测试：数据集成、变换和归约。

2．针对本章任务二"实训数据.xlsx"中存在的问题进行数据集成、转换和归约处理。

（1）数据集成。

删除冗余的数据，如"会员编号"和"ID"重叠；处理不一致的数据，如"性别"列中表示方法不一致，"消费金额"小数位数不一致等。

（2）数据归约。

针对相关变量进行变量归约，如用线上与线下次数的比值来代替线上次数或线下次数。

（3）数据变换。

针对"年龄"数据进行离散化的变换。

任务评价

评价类目	评价内容及标准	分值	自己评分	小组评分	教师评分
学习态度	✓ 全勤（5 分） ✓ 遵守课堂纪律（5 分）	10 分			
学习过程	➤ 能说出本任务的学习目标，上课积极回答问题（5 分） ➤ 能够理解和回答数据集成遇到的常见问题（5 分） ➤ 能够理解和回答数据变换的常用策略（5 分） ➤ 能够理解和回答数据归约的常用策略（5 分）	20 分			
学习结果	◆ "在线测试"选择题和判断题的考评（3 分×10=30 分） ◆ 对数据进行集成、变换、归约的实际操作的考评（40 分）	70 分			
合　　计		100 分			
所占比例		—	30%	30%	40%
综合评分					

项目总结

通过本项目，学生应该掌握的理论知识如下。

（1）数据采集、数据清洗、数据集成、数据变换、数据归约的基本概念。

（2）数据采集来源和常用的数据采集方法。

（3）数据质量的影响因素和数据质量的评估标准。

（4）常见"脏数据"类型，以及基本清洗思路。

通过本项目，学生应该掌握的技能如下。

（1）能够根据数据采集需求选定数据来源和采集方法。

（2）能够使用网络爬虫等数据采集工具采集数据。

（3）能够评估数据质量，并根据数据现状进行数据清洗、集成、变换和归约处理。

（4）能够熟练使用 Excel 进行数据预处理。

复习与巩固

1．大数据的来源有哪些？

2．针对不同类型的数据，采用什么样的采集方法？

3．数据质量的影响因素有哪些？

4．数据质量的评估标准是什么？

5．数据预处理的目的是什么？

6．数据清洗需要清洗哪些数据，应使用哪些方法？

7．数据集成过程中需要处理的问题有哪些？

8．选定一个要采集的数据，使用八爪鱼网络爬虫工具进行采集，并针对采集到的 Excel 文件数据进行数据清洗。

项目 **三**

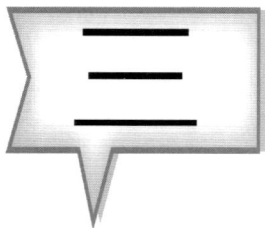

数据存储与管理

在"大数据"的时代背景下，整理海量的数据成了各个企业急需解决的问题。对企业来说，数据对其战略和业务连续性都十分重要，它是业务文档、计划、用户数据和财务信息的积累，是任何业务基础设施的核心组件。为了充分发挥数据应用价值，数据的有效存储已经成为人们关注的热点。

本项目将带领你认识数据存储、数据存储的度量、数据存储介质、数据存储模式；掌握传统数据存储与管理技术；了解大数据存储与传统数据存储的不同点，熟悉大数据时代的数据存储与管理技术。

学习目标

知识目标	1. 理解数据存储的基本概念； 2. 掌握数据存储的度量单位的换算； 3. 熟悉常用数据存储介质和数据存储方式； 4. 熟悉传统数据存储与管理技术，重点掌握文件系统和关系型数据库的应用； 5. 理解和熟悉大数据时代的存储与管理技术
能力目标	1. 能够进行数据存储的度量单位的换算； 2. 能够根据数据存储要求和数据特点选用合适的存储介质和存储模式； 3. 能分辨关系型数据库的各种核心元素； 4. 能使用百度网盘、云存储技术等存储数据
素质目标	1. 养成良好的数据存储与管理习惯； 2. 养成对事物分析客观、敏感的职业思维方式

续表

思政目标	通过对数据存储知识的学习，透过数据存储器发展历程看人类文明，理解人类的努力和坚持，培养学生的社会责任感；通过对传统和大数据存储管理技术的学习，以及对我国华为等公司的数据存储与智能管理技术的了解，培养学生的爱国主义情怀

思维导图

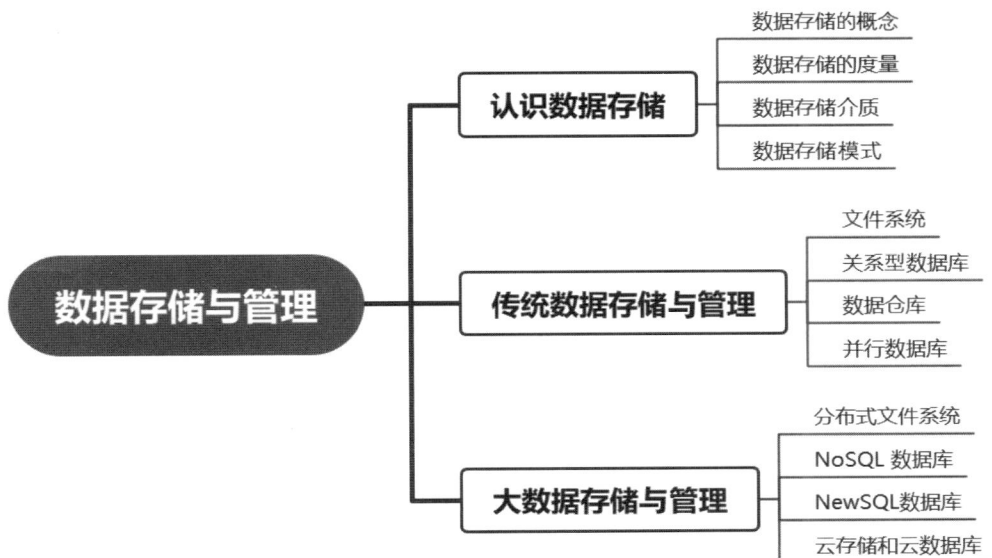

任务一　认识数据存储

任务清单

工作任务	认识数据存储	教学模式	任务驱动
建议学时	2 课时	教学地点	多媒体教室
任务描述	自人类诞生以来，数据存储就一直伴随左右。从最早的穿孔卡，应用于纺织行业图案的存储，到后来用于调查人口的信息存储，存储介质在历史的长河中也在不断地更迭演变。唱片、磁带、碟片的诞生使音乐和影视行业进入了大家的视野。半导体、硬盘、闪存等的出现推动了信息时代的发展。 　　面对大数据的应用，数据采集、数据处理、数据分析等都离不开数据存储。那么，什么是数据存储？数据存储是如何度量的？有哪些数据存储介质？数据存储模式又有哪些呢？对作为数据分析员的小王来说，他必须了解这些关于数据存储的内容		

任务目标	<ul><li>理解数据存储的概念；</li><li>掌握数据存储的度量单位；</li><li>掌握常用存储介质的基本原理、优/缺点；</li><li>掌握三种存储方式的基本原理及它们各自的优/缺点；</li><li>能识别数据存储量的大小，以及进行各度量单位的换算；</li><li>能根据具体存储要求选择合适的存储介质；</li><li>能根据实际需求选用合适的存储模式；</li><li>养成安全、经济、环保的数据存储职业素养</li></ul>
关键词	数据存储、存储度量、存储介质、存储模式

知识必备

一、数据存储的概念

微课视频 19：数据存储概念、存储度量

数字信息有两种类型：输入数据和输出数据。用户提供输入数据，计算机提供输出数据。如果没有用户的输入，那么计算机的 CPU 就无法计算任何内容，或者产生任何输出数据。用户可直接向计算机输入数据，然而，持续手动输入数据会耗费大量的时间和精力。一种短期解决方案就是利用计算机内存，但内存的存储容量和保留时间都非常有限，且当计算机关机时，内存中的数据就会消失。那么，如何解决这个问题呢？这就要用到数据存储。

数据存储是指将数据以某种格式记录在计算机内部或外部存储介质上。数据存储对象包括数据流在加工过程中产生的临时文件或加工过程中需要查找的信息。数据流反映系统中流动的数据，表现出动态数据的特征；数据存储反映系统中静止的数据，表现出静态数据的特征。

通过使用数据存储，用户可在存储设备中保存数据。当计算机关机时，数据仍然保留。用户可指示计算机从存储设备中抽取数据，而无须手动将数据输入计算机。用户可根据需要从各种来源中读取输入数据，创建输出，并将其保存到同一来源或其他存储位置。用户还可与他人共享数据存储。如今，人们每天都在和计算机、手机、平板电脑等打交道。人们的工作和生活已经完全离不开视频、音乐、图片、文本、表格这样的数据文件，企业和用户都需要数据存储。

二、数据存储的度量

理解了什么叫数据存储，那么数据存储的大小是怎么来度量的呢？计算机存储信息的最小单位是位（bit），音译为比特。二进制的一个"0"或一个"1"叫1位。这类同于一个电源开关，令电源开关处于断开状态为"0"，令电源开关处于闭合状态为"1"。计算机的存储容量和传输容量的基本单位是字节（Byte，简写为B）。8个二进制位组成1个字节，即1B=8bit，如图3-1所示。

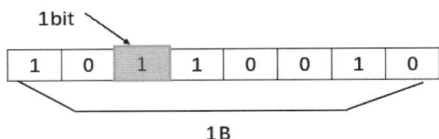

图 3-1　字节与位的换算关系

一个标准英文字母、数字占1B，一个标准汉字占2B。以B为基本存储单位，后面的单位换算都是以2的10次方递增的，1KB（KiloByte）=1024B，即2^{10}字节，读为"1千字节"；1MB（MegaByte）=1024KB，即2^{20}字节，读为"1兆字节"；依次类推，还有GB、TB、PB、EB、ZB、YB、BB、NB、DB、CB，现在的大数据存储单位基本上都在TB以上。数据存储单位之间的换算关系如表3-1所示。

表 3-1　数据存储单位之间的换算关系

单位	换算关系
字节（B）	1B=8bit
千字节（KB）	1KB=1024B
兆字节（MB）	1MB=1024KB
吉字节（GB）	1GB=1024MB
太字节（TB）	1TB=1024GB
拍字节（PB）	1PB=1024TB
艾字节（EB）	1EB=1024PB

三、数据存储介质

存储介质是数据存储的载体。早期的存储介质有纸带、卡片、磁带等，目前常见的数据存储介质有机械硬盘、固态硬盘、可记录光盘、U盘、闪存卡等。

微课视频 20：
存储介质

（一）机械硬盘

1. 组成

机械硬盘即传统普通硬盘，主要由盘片、磁头、磁头停泊区、磁头臂等组成，如图3-2所示。

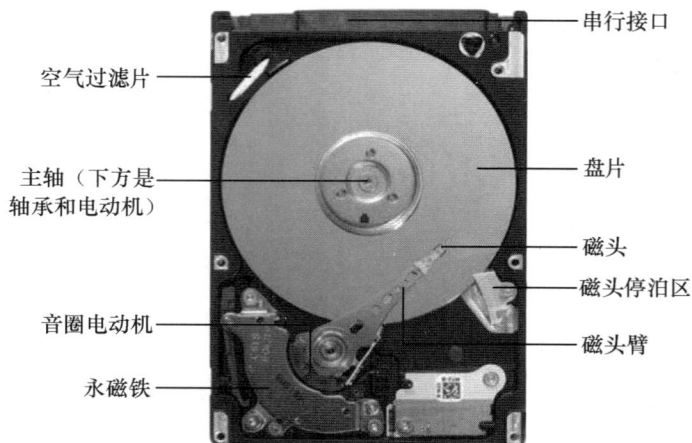

图 3-2　机械硬盘

2. 读/写原理

机械硬盘的磁头可沿盘片的半径方向运动,加上盘片每分钟几千转的高速旋转,磁头就可以定位在盘片的指定位置进行数据的读/写操作。机械硬盘中所有的盘片都装在一个旋转轴上。每张盘片之间是平行的,在每张盘片的存储面上都有一个磁头,磁头与盘片之间的距离比头发丝的直径还小,所有的磁头连在一个磁头控制器上,磁头控制器负责控制各个磁头的运动。另外,在读取机械硬盘时,各个部件在做机械运动,因此会产生一定的热量和噪声。

3. 稳定性

机械硬盘都是磁碟型的,数据存储在磁碟扇区里,因此机械硬盘不能摔,通电不能移动,否则易损坏。

4. 优点和缺点

机械硬盘的优点在于便宜,性价比高,可以低成本获得较大的容量,使用寿命长;缺点是相对固态硬盘来说,其读/写速度较慢,防震性也没有固态硬盘好。

(二)固态硬盘

1. 组成

固态硬盘是用固态电子存储芯片阵列制成的硬盘,由控制单元和存储单元组成。图 3-3 所示为固态硬盘。

图 3-3　固态硬盘

2. 读/写原理

与普通磁盘的数据读/写原理不同，固态硬盘直接由控制单元读取存储单元，不存在机械运动，因此读取速度非常快。相对于机械硬盘，固态硬盘的读取速度提高了两倍以上。由于固态硬盘属于无机械部件及闪存芯片，所以具有发热量小、散热快等特点，而且没有机械电动机和风扇，工作噪声值为 0 分贝。

3. 稳定性

固态硬盘由闪存颗粒（内存、MP3、U 盘等存储介质）制作而成，因此内部不存在任何机械部件，这样即使在高速移动甚至伴随翻转倾斜的情况下，也不会影响其正常使用。而且，在发生碰撞和震动时，它能够将数据丢失的可能性降到最低。与机械硬盘相比，固态硬盘的稳定性更高。

4. 优点和缺点

固态硬盘的优点是读取和写入速度快；缺点是价格较高，有写入次数的限制，读/写有一定的寿命限制。

（三）可记录光盘

常使用的可记录光盘分为 CD-R、CD-RW、DVD±R/RW 几种格式。图 3-4 所示为可记录光盘。

CD-R 是一次刻录可多次读取的光盘，标准容量为 650MB，现在常用的刻录容量为720MB。CD-RW 是可以多次刻录、反复擦写的光盘，容量为 650MB。目前主流的 DVD 刻录盘有两种，即 DVD-R/RW 和 DVD+R/RW。

图 3-4　可记录光盘

（四）U盘

U 盘是采用闪存作为存储介质制作的移动存储器，如图 3-5 所示。U 盘采用通用串行总线（Universal Serial Bus，USB）接口，可反复擦写的性能大大加强了数据的安全性。U 盘使用极为方便，无须外接电源，支持即插即用和热插拔，只要用户计算机的主板上有 USB 接口就可以使用。由 U 盘发展而来的 MP3、MP4 也可当作数据存储设备使用。U 盘是计算机存储领域属于中国人的原创性发明专利成果。

图 3-5　U盘

（五）闪存卡

闪存卡一般用于数码类的产品中，如手机、数码照相机、数码摄像机、数码录音笔等。闪存卡的常用类型有 SD 卡、MiniSD 卡、MicroSD（TF）卡、CF 卡、记忆棒等。图 3-6 所示为闪存卡。

图 3-6 闪存卡

（六）存储介质选择原则

存储介质并不是越贵越好、越先进越好，我们要根据不同的应用环境合理选择存储介质。存储介质的选择主要考虑以下原则。

1. 耐久性高

任何存储介质都是有使用寿命的。存储介质使用寿命的长短会受到环境因素的影响，目前广泛使用的硬盘在室温下大约也只有 10 年的使用寿命。人们在选择存储介质时，只能尽量选择耐久性高的存储介质。耐久性高的存储介质不容易损坏，降低了数据损失的风险。因此，存储数据应选用对环境要求低、不容易损伤、耐久性高的存储介质。

2. 容量恰当

存储介质的大容量不仅有利于存储空间的减少，还便于管理，但会使存储成本增加。对于大容量数据，如果存储介质的容量较小，那么将不利于存储数据的完整性。存储介质的容量最好与其所管理的数据量大小相匹配。

3. 低费用

存储介质的价格低可以减少存储管理与系统运行的费用。

4. 广泛的可使用性

为了减少 IT 业界对存储介质不支持的风险，我们应当选择具有广泛可使用性的存储介质，特别应注意选择能满足工业标准的存储介质。

知识链接：从数据存储器发展历程看人类文明

四、数据存储模式

目前，数据有以下三种常见的存储模式：直接附接存储模式（Direct Attached Storage，DAS）、网络附接存储模式（Network Attached Storage，NAS）、存储区域网模式（Storage Area Network，SAN）。它们被广泛应用于企业存储设备中，如图 3-7 所示。

微课视频 21：
数据存储模式

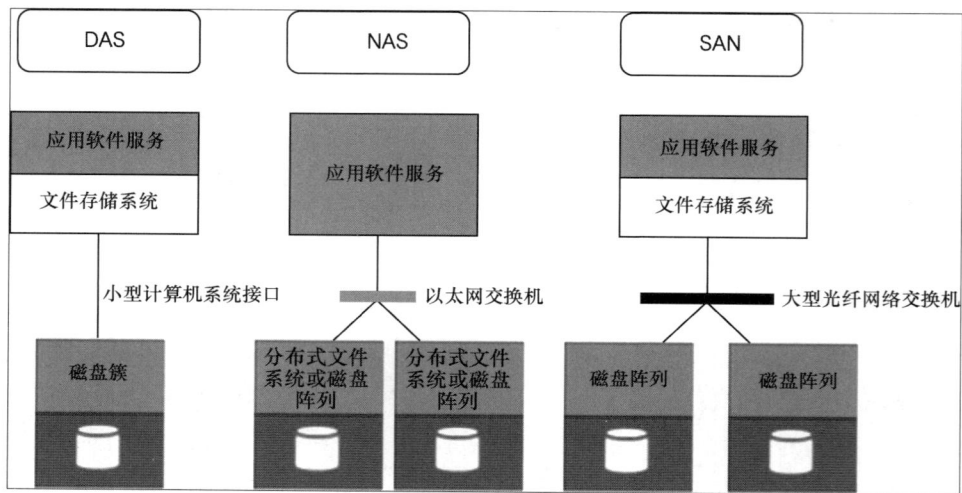

图 3-7　数据存储模式

（一）DAS

DAS 将存储设备通过小型计算机系统接口（Small Computer System Interface，SCSI）直接连接到一台服务器上使用，如图 3-8 所示。这种存储设备直接连接到访问它的计算机上。DAS 存储设备包括软盘、光盘（CD 和 DVD）、硬盘驱动器（HDD）、闪存驱动器和固态驱动器（SDD）。

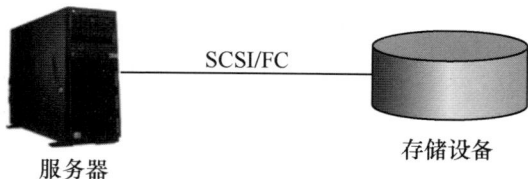

图 3-8　DAS

DAS 是通过 SCSI 在计算机与外部设备之间进行连接的。DAS 依赖主机的操作系统来完成数据的读/写、管理、备份等工作。

1. DAS 的优点

配置简单：购置成本低，配置简单，仅仅需要一个外接的 SCSI。

使用简单：使用方法与本机硬盘并无太大差别。

使用广泛：在中小型企业中应用十分广泛。

2. DAS 的缺点

扩展性差：在新的应用需求出现时，需要为新增的服务器单独配置新的存储设备。

资源利用率低：不同的应用服务器存储的数据量随着业务的发展出现不同，有一部分应用存储空间不够，而另一些却有大量的存储空间。

可管理性差：数据分散在应用服务器各自的存储设备上，不便于集中管理、分析和使用。

异构化严重：企业在发展过程中采购不同厂商、不同型号的存储设备，导致设备之间的异构化严重，维护成本很高。

I/O 瓶颈：SCSI 的处理能力会成为数据读/写的瓶颈。

（二）NAS

NAS 设备是一种带有操作系统的存储设备，也叫作网络文件服务器。NAS 设备直接连接到 TCP/IP 网络上，网络服务器通过 TCP/IP 网络存取与管理数据。它主要应用于文档、图片、电影的共享等。典型的 NAS 架构如图 3-9 所示。NAS 设备通常是由冗余存储容器构成的单一设备，或者是独立磁盘冗余阵列（Redundant Array of Independent Disk，RAID）。

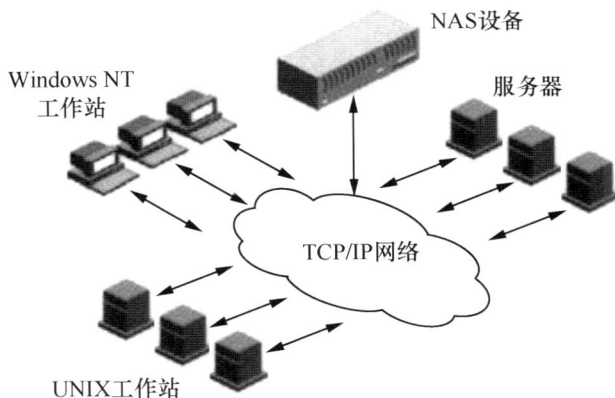

图 3-9 典型的 NAS 架构

1. NAS 的优点

即插即用：容易部署，把 NAS 设备接入以太网就可以使用。

支持多平台：可以使用 Linux 等主流操作系统。

2. NAS 的缺点

NAS 设备与用户计算机通过以太网连接，NAS 使用网络进行数据的备份和恢复，因此在进行数据存储或备份时都会占用网络带宽；存储数据通过普通数据网络传输，因此容易产生数据泄露等安全问题；另外，NAS 只能以文件级访问，不适合块级应用。

（三）SAN

SAN 是一个采用光纤通道（Fibre Channel，FC）技术，通过 FC 交换机连接存储阵列和应用服务器，建立专用于数据存储的区域网络，如图 3-10 所示。SAN 存储器可以是各种类型的多个设备组成的网络，包括 SSD、闪存、混合存储、混合云存储、备份软件、设备及云存储。

SAN 支持数以百计的磁盘，提供了海量的存储空间，解决了大容量存储问题。这个海量的存储空间可以先从逻辑层面上按需要分成不同大小的逻辑单元，再分配给应用服务器。SAN 允许企业独立地增加它们的存储容量。SAN 的结构允许任何服务器连接任何存储阵列，这样，不管数据存放在哪里，服务器都可以直接存取所需的数据。

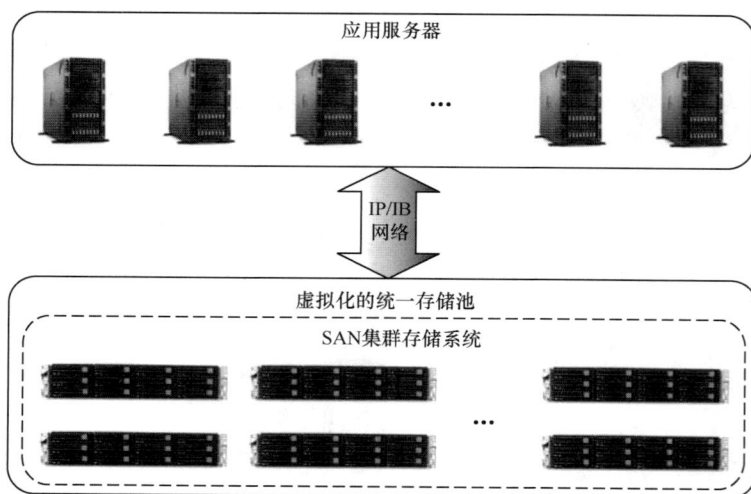

图 3-10 SAN

1. SAN 的优点

传输速率高：采用高速的传输媒介，并且 SAN 网络独立于应用服务器系统，因此传输速率很高。

扩展性强：SAN 的基础是一个专用网络，增加一定的存储空间或增加几台应用服务器都非常方便。

磁盘使用率高：整合了存储设备并采用了虚拟化技术，因此整体空间的使用率大幅提升。

2. SAN 的缺点

成本高：无论是 SAN 阵列柜还是 SAN 必需的光纤通道交换机，其价格都十分昂贵，就连服务器上使用的光通道卡的价格也不易为小型企业所接受。

异地部署困难：需要单独建立光纤网络，异地扩展比较困难。

（四）三种存储模式的比较

根据 DAS、NAS、SAN 的不同特性，DAS 和 SAN 是基于存储空间的磁盘分配，是基于硬件层面的存储模式，而 NAS 是基于应用层面的存储模式，可以根据应用环境来对其进行比较。

DAS 多采用 SCSI 或 SAS 接口，由于部署节点的单一性及较高的性能，适用于单一节点的企业级应用或地理位置比较分散的服务器。目前，由于 DAS 部署的局限性，其使用量越来越少。

NAS 可利用现有以太网，因此部署灵活，部署成本非常低。它基于 TCP/IP 协议的特性可以提供丰富的网络服务，基于文件的形式可以提供数据的存储及备份，但是 TCP/IP 协议决定了数据传输的数据打包及解包会占用系统资源，以及传输速率受限于以太网的速率，因此它不适用于企业级应用，通常适用于部门级应用。

SAN 使用光纤网络进行传输，并且独立于应用网络，可以提供非常高的带宽，数据的传输基于块协议，无须对数据进行处理，可直接进行传送，因此其性能最好。另外，光纤线路可以提供远距离的高带宽链路，可以实现数据中心的异地灾备应用。但是 SAN 的部署成本较高。因此，SAN 多应用于企业级的存储部署中。

学习感悟

我们生活在数字化信息时代，"存储"作为保存数字信息的手段，是信息技术的根基。同时，我们生活在一个幸运的时代，存储技术已经得到了极大的发展，更强的存储介质、更优的存储模式不断涌现，透过数据存储器的发展历程可以看到人类不断创新发展的拼搏精神。对于存储介质、存储模式的选择，关键需要看数据存储的需求、应用的场景：从经济性上讲，要费用低、投入少，存储容量最好与所管理的数据量大小相匹配；从安全性上讲，要确保数据安全、不容易损伤、耐久性高；从效率上讲，应易用、易扩充、速度快；从应用场景上讲，应厘清个人级、部门级、企业级应用的需求。

任务实训

1. 在线测试：认识数据存储。

2. 当前主流的硬盘类型有传统机械硬盘和 SSD 固态硬盘，请总结两者的优/缺点。

3. 列表比较 DAS、NAS、SAN 三种数据存储模式，并分析它们各自适合在什么样的应用场景中使用。

任务评价

评价类目	评价内容及标准	分值	自己评分	小组评分	教师评分
学习态度	✓ 全勤（5 分） ✓ 遵守课堂纪律（5 分）	10 分			
学习过程	➤ 能够说出本任务的学习目标，上课积极回答问题（5 分） ➤ 能够回答数据采集流程及存储的基本单位（5 分） ➤ 能够回答数据存储的常用介质（5 分） ➤ 能够理解和回答数据存储模式（5 分）	20 分			
学习结果	◆ "在线测试"选择题和判断题的考评（3 分×10=30 分） ◆ 比较 DAS、NAS、SAN 三种数据存储模式的考评（20 分） ◆ 比较传统机械硬盘和 SSD 固态硬盘优/缺点的考评（20 分）	70 分			
合　　计		100 分			
所占比例		—	30%	30%	40%
综合评分					

任务二　传统数据存储与管理

任务清单

工作任务	传统数据存储与管理	教学模式	任务驱动
建议学时	2 课时	教学地点	多媒体教室
任务描述	一方面，数据存储要求有良好的物理硬件支持，从而保证数据被安全地接纳；另一方面，我们需要为采集和生成的数据建立方便访问的服务，即建立索引，从而保证数据可以被快速、准确地访问，这就涉及数据的高效管理。数据管理技术是指对数据进行分类、编码、存储、索引和查询。那么，传统的数据是怎么进行存储与管理的？用到了哪些管理技术呢		

续表

任务目标	<ul><li>掌握计算机中数据组织的主要形式；</li><li>掌握文件系统存储的基本原理及其缺点；</li><li>掌握关系型数据库的基本概念；</li><li>熟悉数据仓库的基本概念和基本特点；</li><li>掌握并行数据库的基本特点；</li><li>能识别关系型数据库的核心元素；</li><li>能熟悉关系型数据库基本的 SQL 语句；</li><li>具备高效的数据存储与管理职业素养</li></ul>
关键词	文件系统、关系型数据库、SQL、数据仓库、并行数据库

知识必备

计算机系统中数据的组织形式主要有文件和数据库两种。文件和数据库在用于数据的存储与管理时，会根据数据规模、数据存取效率等采用不同的存储与管理技术，如文件系统、分布式文件系统、关系型数据库、非关系型数据库、数据仓库、并行数据库、云数据库等。在大数据时代来临前，传统的数据存储与管理技术主要包括文件系统、关系型数据库、数据仓库、并行数据库。

一、文件系统

计算机系统中很多的数据都是以文件形式存在的，如我们平时在计算机上使用的 Word 文件、PPT 文件、文本文件、音频文件、视频文件等。在计算机系统中，文件是以文件系统来进行管理的，而在文件系统中，数据按其内容、结构和用途组成若干文件。

微课视频 22：
文件系统

文件系统是操作系统用于明确存储设备（常见的是磁盘，也有基于 NAND Flash 的固态硬盘）或分区上的文件的方法和数据结构，即在存储设备上组织文件的方法。操作系统中负责管理和存储文件信息的软件机构称为文件管理系统，简称文件系统。文件系统由三部分组成：文件系统的接口、对象及属性、对对象进行操纵和管理的软件集合。从系统角度来看，文件系统是对文件存储设备的空间进行组织和分配，负责文件存储并对存入的文件进行保护和检索的系统。具体地说，它负责为用户建立文件，存入、读出、修改、转储文件，控制文件的存取，当用户不再使用时撤销文件等。

文件系统有以下几个方面的缺点。

（1）编写应用程序很不方便。应用程序的设计者必须对所用的文件的逻辑及物理结构有清楚的了解。操作系统只能执行打开、读、写和关闭等几个低级的文件操作命令，对文件的查询、修改等处理都必须在应用程序内进行。应用程序还不可避免地在功能上有所重复，导致在文件系统上编写应用程序的效率不高。

（2）文件的设计很难满足多种应用程序的不同要求，通常不能避免数据冗余。

（3）文件结构的修改将导致应用程序的修改，增加了应用程序的维护工作量。

（4）文件系统不支持对文件的并发访问。

（5）数据缺少统一管理，在数据的结构、编码、表示格式、命名及输出格式等方面难以做到规范化、标准化，也难以有效保证数据的安全性和保密性。

二、关系型数据库

微课视频 23：
关系型数据库

针对文件系统的缺点，人们开发了另外一种主流的数据存储与管理技术，那就是数据库（DataBase，DB）系统。在数据库系统中，数据不再仅服务于某个程序或用户，而是一个单位的共享资源，由一个叫数据库管理系统（DBMS）的软件统一管理。数据库可理解为存储数据的仓库，指的是以一定方式储存在一起、能被多个用户共享、具有尽可能小的冗余度、与应用程序彼此独立的数据集合。根据存储数据时所用数据模型的不同，数据库主要分为两种：关系型数据库和非关系型数据库，目前比较主流的数据库是关系型数据库。关系型数据库是采用关系模型（二维表形式）来组织数据的数据库，它由数据表和数据表之间的关系组成，主要包含以下核心元素。

（一）关系

一个关系对应一张二维表，一般表名对应关系名。例如，表 3-2 就是一个关系，关系名即表名"学生信息表"。一个数据库中可以有很多张这样的二维表，且同一数据库中每张二维表的名字都不应该是相同的。

表 3-2　学生信息表

学号	姓名	性别	年龄	绩点
2022001	张三	男	21	4
2022002	李四	男	22	3.4
2022003	王勇	男	20	2.8
2022004	刘丽	女	19	3.8
2022005	赵梅	女	21	3.6

（二）记录

二维表中的一行即一个元组，也称为记录。数据库的二维表中的数据是按照行进行存储的，如表 3-2 中第一行是张三的数据，第二行是李四的数据。表 3-2 中有五条记录。

（三）属性（字段）

二维表中的一列为一个属性或字段，每列的名称即属性名或字段名。表 3-2 中的学号、姓名、性别、年龄、绩点均可称为字段。在数据库的二维表中，字段除了需要定义名称，还需要定义数据类型，数据类型定义列可以存储的数据种类。

例如，如果列中存储的是数字，那么对应的数据类型应该是数值类型；如果列中存储的是日期、文本、注释、金额等，那么应该用恰当的数据类型规定出来。

（四）关键字

二维表中的某个属性或若干属性的组合称为关键字，它可以唯一确定一条记录。例如，表 3-2 中的学号可以唯一确定一个学生，因为学号不会重复，但姓名可能会重名，因此学号是一个关键字。

（五）域

域是一个或多个属性允许的值的集合。属性的取值范围来自某个域。例如，大学生年龄属性的域是(15 岁,30 岁)，性别属性的域是(男,女)。

（六）结构化查询语言

结构化查询语言（Structured Query Language，SQL）用于对关系型数据库里的数据和二维表进行查询、更新和管理。

常用操作如下。

创建数据库：CREATE DATABASE <数据库名> [其他参数]。

创建数据表：CREATE table <表名> (列名称 1 数据类型,列名称 2 数据类型, …)。

查询：SELECT * FROM 表 WHERE 条件表达式。

增加：INSERT INTO 表名 (列名 1,列名 2,…) VALUES (列值 1,列值 2,…)。

删除：DELETE FROM 表名[WHERE 条件表达式]。

修改：UPDATE 表名 SET 列名=值[WHERE 条件表达式]。

（七）事务的 ACID 特性

关系型数据库通常提供事务处理机制，这为涉及多条记录的自动化处理提供了解决方案。事务的 ACID 特性包括原子性（Atomicity）、一致性（Consistency）、隔离性（Isolation）、持久性（Durability）。

（1）原子性：整个事务中的所有操作要么全部成功，要么全部失败，没有中间状态。

（2）一致性：事务是按照预期生效的，一致性的核心一部分靠原子性实现，另一部分靠逻辑实现。

（3）隔离性：一个事务内部的操作及使用的数据对于并发的其他事务是隔离的。事务的隔离级别一共有四种状态，可以在数据库中进行设置。

（4）持久性：在事务完成以后，保证事务对数据所做的更改被持久地保存在数据库之中。

总之，关系型数据库的使用记录按行进行存储，记录存储在二维表中记录构成。二维表中的每列都有名称和类型，二维表中的所有记录都要符合二维表的定义。对不同的编程语言而言，二维表可以被看成数组、记录列表或结构。关系型数据库具有结构稳定，存储规范，添加、删除、查询数据方便等特点。目前，市场上主流的关系型数据库有 MySQL、Microsoft SQL Server、Oracle、PostgreSQL、Sybase、IBM DB2、Microsoft Access 等。

知识链接：几种常用关系型数据库的详细介绍

三、数据仓库

企业的数据处理大致分为两类：一类是操作型处理，也称为联机事务处理，它是针对具体业务在数据库联机中的日常操作，通常对少数记录进行查询、修改；另一类是分析型处理，一般针对某些主题的历史数据进行分析，支持管理决策。数据仓库（Data Warehouse）是一个面向主题的、集成的、相对稳定的、反映历史变化的数据集合，用于支持管理决策。

微课视频 24：数据仓库与并行数据库

（一）面向主题

操作型数据库的数据组织面向事务处理任务，各个业务系统之间各自分离，而数据仓库中的数据是按照一定的主题域进行组织的。主题是与传统数据库的面向应用相对应的，是一个抽象概念，是在较高层次上将企业信息系统中的数据综合、归类并进行分析利用的抽象。主题通常是指用户使用数据仓库进行决策时所关心的重点方向。每个主题对应一个宏观的分析领域。数据仓库排除对决策无用的数据，提供特定主题的简明视图。

（二）集成

数据仓库的数据来自分散的操作型数据，将所需数据从原来的数据中抽取出来，进行加工与集成、统一与综合后才能进入数据仓库。

（三）相对稳定

数据仓库是不可更新的，数据仓库主要为决策分析提供数据，涉及的操作主要是数据的查询。

（四）反映历史变化

在构建数据仓库时，需要每隔一定的时间（如每周、每天或每时）从数据源抽取数据并加载到数据仓库中。比如，6 月 1 日晚上 12 点"抓拍"数据源中的数据并保存到数据仓库中，随后在 6 月 2 日、6 月 3 日，一直到月底，每天同一时间"抓拍"数据源中的数据并保存到数据仓库中，这样，经过一个月以后，数据仓库中就会保存有该月每天的数据"快照"，由此得到 6 月的整月数据"快照"，就可以用来进行商务智能分析，如分析一个商品在 1 个月内的销量变化情况。

综上所述，数据库是面向事务设计的，数据仓库是面向主题设计的；数据库一般存储在线交易数据，数据仓库存储的一般是历史数据；数据库是为捕获数据而设计的，数据仓库是为分析数据而设计的。一个典型的数据仓库系统通常包含数据源、数据存储与管理、联机分析处理（OnLine Analytical Processing，OLAP）服务器、前端工具和应用四部分。数据仓库系统的体系结构如图 3-11 所示。

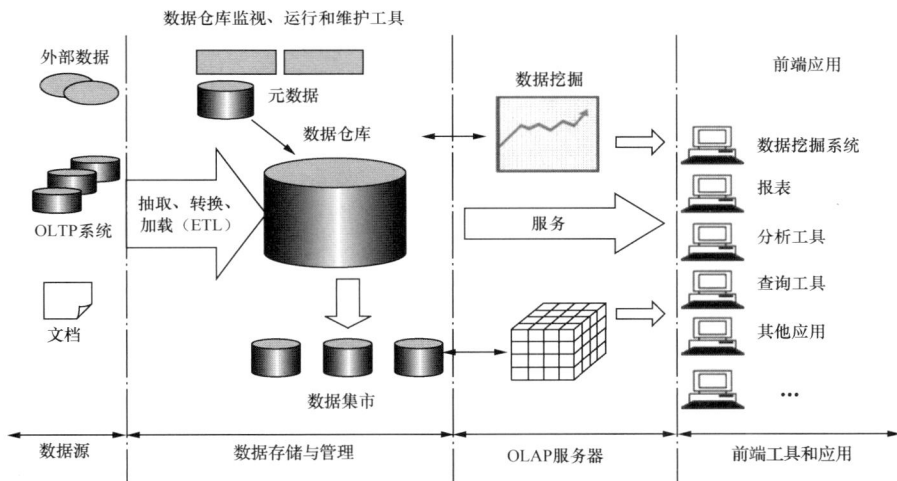

图 3-11　数据仓库系统的体系结构

四、并行数据库

并行数据库是指那些在无共享的体系结构中进行数据操作的数据库系统。这些系统大部分采用了关系型数据模型，并且支持 SQL 语句查询，但为了能够并行执行 SQL 的查询操作，系统中采用了两种关键技术：关系表的水平划分和 SQL 查询的分区执行。

并行数据库的目标是高性能和高可用性，它通过多个节点并行执行数据库任务，以提高整个数据库系统的性能和可用性。

并行数据库的主要缺点是没有较好的弹性，但这种特性对中小型企业和初创企业是有利的。人们在对并行数据库进行设计和优化时认为集群中节点的数量是固定的，若需要对集群进行扩展或收缩，则必须为数据转移过程制订周全的计划。这种数据转移的代价是昂贵的，并且会导致系统在某段时间内不可访问，而这种较差的灵活性直接影响到并行数据库的弹性及现用现付商业模式的实用性。

并行数据库的另一个缺点是系统的容错性较差。过去人们认为节点故障是特例，并不经常出现，因此系统只提供事务级别的容错功能，如果在查询过程中发生节点故障，那么整个查询都要重新执行。这种重启任务的策略使得并行数据库难以在拥有数千个节点的集群上处理较长的查询，因为在这类集群中经常发生节点故障。

基于这种分析，并行数据库只适合资源需求相对固定的应用程序。但总体来说，并行数据库的许多设计原则为其他海量数据系统的设计和优化提供了比较好的启示。

学习感悟

传统数据存储与管理中的文件系统和关系型数据库仍然是两种重要的数据组织形式。文件系统简单、易扩展、访问轻松。关系型数据库管理方便快捷、安全性高，所有关系型数据库都可以用 SQL 操作数据库，且数据库操作可以设置权限。数据仓库的最终目标是通过已有数据集合中的数据分析为用户和业务部门提供决策支持，它不是一个单独的新的数据库系统，仅是围绕某一主题，集成一些分散的、相对稳定的、反映历史变化的数据集合，它的数据是静态的、不可更新的，仅提供数据查询功能。并行数据库系统的目标是通过多个节点并行执行数据库任务，以提高整个数据库系统的性能和可用性，虽然在适应性和容错性方面有所欠缺，但它为大数据时代所需的海量数据系统的设计提供了新的思路。

任务实训

1. 在线测试：传统数据存储与管理。

2. 用 SQL 语句描述对关系型数据库中的数据和二维表进行查询、增加、删除、修改的操作。

3. 描述数据仓库的主要特点。

任务评价

评价类目	评价内容及标准	分值	自己评分	小组评分	教师评分
学习态度	✓ 全勤（5分）	10分			
	✓ 遵守课堂纪律（5分）				

续表

评价类目	评价内容及标准	分值	自己评分	小组评分	教师评分
学习过程	➢ 能够说出本任务的学习目标,上课积极回答问题(5分) ➢ 能够说出文件系统存储的基本原理和缺点（5分） ➢ 能够分辨关系型数据库中的各核心元素（5分） ➢ 能够理解和回答数据仓库、并行数据库（5分）	20分			
学习结果	◆ "在线测试"选择题和判断题的考评（3分×10=30分） ◆ SQL语句的考评（20分） ◆ 数据仓库特点的考评（20分）	70分			
合 计		100分			
所占比例		—	30%	30%	40%
综合评分					

任务三　大数据存储与管理

任务清单

工作任务	大数据存储与管理	教学模式	任务驱动
建议学时	2课时	教学地点	多媒体教室
任务描述	随着数字图书馆、多媒体传输、电子商务等应用的不断发展，数据进入PB量级时代，这对存储容量提出了巨大的要求；同时，由于数据的多样化、对重要数据的保护及地理上的分散性等对数据的有效管理提出了更高的要求。在大数据时代，普通计算机的存储容量、传统数据存储与管理方法已经无法满足大数据需求，需要进行存储技术的变革。那么，大数据时代的数据存储与管理是如何进行的呢？有哪些存储与管理技术来解决大规模数据的持久存储与管理呢		
任务目标	• 掌握大数据存储与传统数据存储的不同点； • 理解和熟悉分布式文件系统的特点； • 理解NoSQL数据库的基本概念； • 熟悉典型的NoSQL数据库及它们各自的特点； • 了解NewSQL数据库的概念； • 掌握云存储和云数据库的基本概念与特点； • 能判别典型的NoSQL数据库的特点及各自适用的场景； • 能熟练使用云盘或网盘存储数据； • 养成对大数据进行存储与管理的职业习惯		
关键词	分布式文件系统、NoSQL数据库、NewSQL数据库、云存储、云数据库		

知识必备

大数据存储与传统数据存储主要在以下三个方面存在差异：第一，大数据的数据量大，数据通常是以 GB、TB 甚至 PB 作为存储的量级，因此需要大容量的基础设备；第二，大数据应用的实时性或近实时性使之需要高性能、高吞吐率的基础设备；第三，大数据时代，非结构化数据占据较大比重，需要解决复杂的结构化、半结构化和非结构化大数据管理与处理技术难题。大数据的存储与管理方式主要包括分布式文件系统、NoSQL 数据库、NewSQL 数据库、云存储和云数据库。

一、分布式文件系统

分布式文件系统是由多个网络节点组成的向上层应用提供统一的文件服务的文件系统。分布式文件系统中的每个节点可以分布在不同的地理位置，通过网络进行节点间的通信和数据传输。分布式文件系统中的文件在物理上可能被分散存储在不同的节点上，但在逻辑上仍然是一个完整的文件。使用分布式文件系统时，我们无须关心数据存储在哪个节点上，只要像本地文件系统一样存储和管理文件数据即可。

如图 3-12 所示，分布式文件系统把大量数据分散到不同的节点上，大大降低了数据丢失的风险。分布式文件系统具有冗余性，部分节点发生故障并不影响整体的正常运行，即使发生故障的计算机中存储的数据已经损坏，也可以由其他节点将损坏的数据恢复。因此，安全性是分布式文件系统最主要的特征。分布式文件系统通过网络将大量零散的计算机连接在一起，形成一个巨大的计算机集群，使各计算机均可以发挥其价值。此外，集群之外的计算机只需要经过简单的配置，就可以加入分布式文件系统，它具有很强的扩展能力。

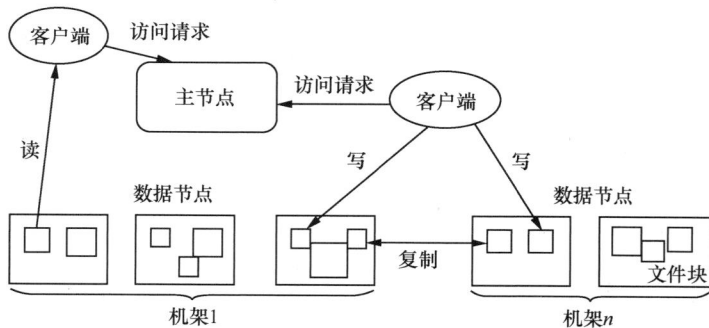

图 3-12　分布式文件系统的整体结构

分布式文件系统能够在信息爆炸时代有效解决数据的存储与管理问题，它的性能与成本之间呈线性增长关系。分布式文件系统在大数据领域是最基础、最核心的功能组件，如何实现一个高扩展性、高性能、高可用性的分布式文件系统是大数据领域最关键的问题。目前，常用的分布式磁盘文件系统是 HDFS（Hadoop 分布式文件系统）、GFS（Google 分布式文件系统）、KFS（Kosmos 分布式文件系统）等，常用的分布式内存文件系统是 Tachyon 等。其中，HDFS 是一个高度容错性系统，适用于批量处理，能够提供高吞吐率的数据访问，非常适合应用在大规模数据集上。

二、NoSQL 数据库

在大数据时代，传统的关系型数据库已经无法满足 Web 2.0 的需求，主要原因如下：第一，传统的关系型数据库无法满足海量数据的管理需求；第二，传统的关系型数据库无法满足数据高并发的需求；第三，传统的关系型数据库无法满足高可扩展性和高可用性的需求。

NoSQL 又叫作非关系型数据库，它是英文"Not only SQL"的缩写，即"不仅仅是 SQL"。NoSQL 一词最早出现于 1998 年，是卡洛·斯特罗齐（Carlo Strozzi）开发的一个轻量、开源、不提供 SQL 功能的非关系型数据库。NoSQL 数据库可以支持超大规模数据存储，其具有的灵活数据模型可以很好地支持 Web 2.0 应用，具有强大的横向扩展能力等。典型的 NoSQL 数据库包含键值（Key-Value）数据库、列族数据库、文档数据库、图形数据库。

（一）键值数据库

对于键值数据库，用户可以通过键来添加、查询或删除数据。因为它使用键访问，所以会获得很高的性能及扩展性。键值存储非常适合不涉及过多数据关系和业务关系的数据，同时能有效减少读/写磁盘的次数，比 SQL 数据库存储拥有更好的读/写性能。优点：在键已知的情况下查找内容，键值数据库的访问速度比关系型数据库快好几个数量级。缺点：在键未知的情况下查找内容，键值数据库的访问速度是非常慢的。这是因为键值数据库不知道存储的数据是结构的还是内容的，它没有关系型数据库中的数据结构，无法像 SQL 那样用 WHERE 语句或通过任何形式的过滤来请求数据库中的一部分数据，它必须先遍历所有的键，获取它们对应的值，进行某种用户所需的过滤，再保留用户想要的数据。市场上流行的键值数据库有 Memcached、Redis、MemcacheDB、Berkeley DB。键值数据库比较适合用在存储用户信息的场景中，如会话、购物车等场景，这些场景中的信息一般都和 ID（键）挂钩，很适合使用键值数据库。

（二）列族数据库

列式存储将数据按行排序、按列存储，将相同字段的数据作为一个列族来聚合存储。当只查询少数列族数据时，列族数据库可以减少读取数据量，以及数据装载和读入/读出的时间，提高数据处理效率。列式存储还可以承载更大的数据量，获得高效的垂直数据压缩

93

能力，降低数据存储开销。

HBase（分布式数据库）是一种 NoSQL（非关系型数据库）模型，它是一个疏松的、分布式的、已排序的多维度持久化的列族数据库。列族数据库将数据存储在列族中，数据存储的基本单位是列，它具有一个名称和一个值。一个列族用来存储经常被一起查询的相关数据。由列的集合组成的每一行通过行–键标识来表示，列组合在一起成为列族。表 3-3 所示为 HBase 数据表示例。

表 3-3　HBase 数据表示例

行键	列族-1	列族-2
记录 1	列 1,列 2,…,列 n	列 1,列 2,列 3
记录 2	列 1,列 2	
记录 3	列 1,列 2,…,列 5	列 1

与关系型数据库不同，列族数据库不需要在每行中都有固定的模式和固定数量的列。例如，如果我们有一个个人信息的 Person 类，我们通常会一起查询人员姓名和年龄，而不是薪资。在这种情况下，姓名和年龄就会被放入一个列族，而薪资则被放入另外一个列族。

（三）文档数据库

文档数据库会将数据以文档的形式存储。每个文档都是自包含的数据单元，是一系列数据项的集合。每个数据项都有一个名称与对应的值。此值既可以是简单的数据类型，如字符串、数字和日期等，又可以是复杂的数据类型，如有序列表和关联对象。

文档存储支持对结构化数据的访问，与关系模型不同的是，文档存储没有强制的架构，文档存储模型支持嵌套结构。例如，文档存储模型支持 XML 和 JSON 文档，字段的"值"又可以嵌套存储其他文档。文档存储也支持数组和列值键。与键值存储不同的是，文档存储关心文档的内部结构，这使存储引擎可以直接支持二级索引，从而允许用户对任意字段进行高效查询。MongoDB 是一种用得比较多的文档数据库，是非关系型数据库中功能最丰富、最像关系型数据库的数据库。它支持的数据结构非常松散，类似 JSON 的 BSON 格式，因此可以存储比较复杂的数据类型。表 3-4 所示为使用文档数据库存储的商品记录表。

表 3-4　使用文档数据库存储的商品记录表

商品编号	商品文档
34fd459fs523f3f34d43325	{ 　　"标题"：　"IPhone 8 Plus" 　　"特点"：[　　　　　　"屏幕尺寸 5.5 英寸" 　　　　　　"后置摄像头 1200 万像素" 　　　　　　"存储容量 64GB "

续表

商品编号	商品文档
34fd459fs523f3f34d43325	"运行内存　6GB　" "操作系统 iOS　　"] "价格"：5999 元 }

（四）图形数据库

图形数据库主要用于存储事物及事物之间的相关关系，这些事物整体上呈现复杂的网络关系，可以简单地称之为图形数据。使用传统的关系型数据库技术已经无法很好地满足超大量图形数据的存储、查询等需求，如上百万或上千万个节点的网络关系；而图形数据库采用不同的技术，可以很好地解决图形数据的查询、遍历、求最短路径等需求。在图形数据库领域，有不同的图模型来映射这些网络关系（如超图模型），以及包含节点、关系、属性信息的属性图模型等。

图形数据库可用于对真实世界的各种对象进行建模，以反映这些事物之间的关系。最常见的例子就是社交图谱中人与人之间的关系。图 3-13 所示为图形数据库示例。一个图形数据库最重要的组成部分是节点集和连接节点的关系，图 3-13 中表示了一系列节点的集合，比较接近于关系型数据库中最常使用的二维表，而关系是指节点与节点之间的联系，是图形数据库所特有的。目前，主流的图形数据库有 Google Pregel、Neo4j、InfiniteGraph 等。

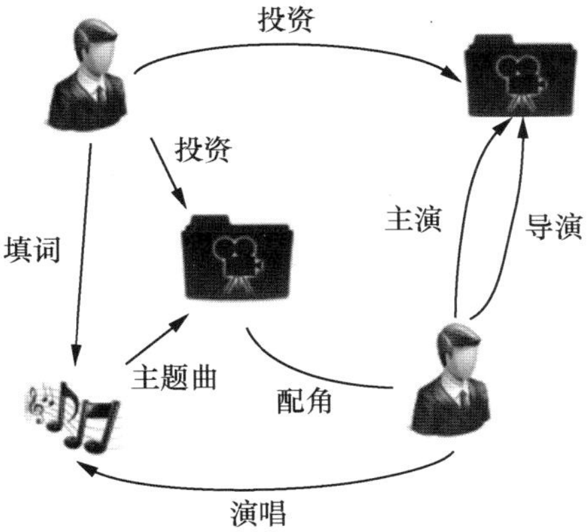

图 3-13　图形数据库示例

三、NewSQL 数据库

NewSQL 是对各种新的可扩展、高性能数据库的简称，它是一种相对较新的形式，旨在使用现有的编程语言和以前不可用的技术来结合 SQL 与 NoSQL 中最好的部分。这类数据库不仅具有 NoSQL 对海量数据的存储与管理能力，还具有传统数据库支持 ACID 和 SQL

等特性。

不同的 NewSQL 数据库的内部结构差异很大，但它们有两个显著的共同特点：都支持关系型数据库模型、都使用 SQL 作为其主要的接口。目前具有代表性的 NewSQL 数据库有 Spanner，它是一个可扩展、多版本、全球分布式且支持同步复制的数据库，是 Google 第一个可以全球扩展且支持外部一致性的数据库。

四、云存储和云数据库

云存储是一个新的概念，是一种新兴的网络存储技术。云存储是通过集群应用、网络技术或分布式文件系统等功能，借助应用软件将网络中大量各种不同类型的存储设备集合起来协同工作，共同对外提供数据存储和业务访问功能的一种服务，如图 3-14 所示。云存储具有以下特点：第一，存储管理可以实现自动化和智能化，所有的存储资源被整合到一起，客户看到的是单一存储空间；第二，云存储通过虚拟化技术解决了存储空间的浪费问题，可以重新自动分配数据，提高了存储空间的利用率，同时具备负载均衡、故障冗余功能；第三，云存储能够实现规模效应和弹性扩展，降低运营成本，避免资源浪费。

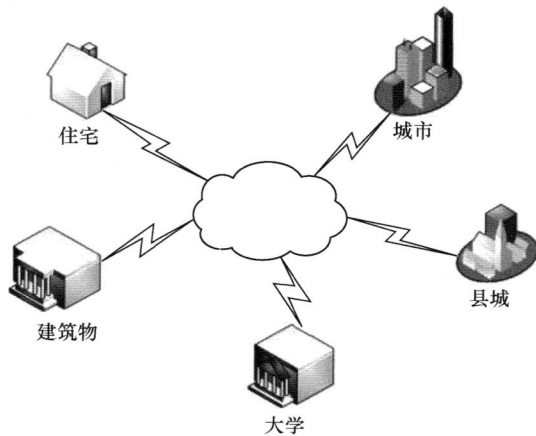

图 3-14　云存储示意图

云数据库是指被优化或部署到一个虚拟计算环境中的数据库，可以实现按需付费、按需扩展、高可用性及存储整合等。它是在云计算的大背景下发展起来的一种新兴的共享基础架构的方法，极大地增强了数据库的存储能力。云数据库的安装、部署等工作都是在云端完成的，非常便捷，消除了人员、硬件、软件的重复配置，让软件、硬件升级变得更加容易。

云数据库的特征包括高可用性、易用性、动态可扩展性、低使用代价、高性能、免维护和高安全性等。目前常用的云数据库产品有 Microsoft Azure SQL、Google Cloud SQL 及阿里云等。

从数据模型的角度来说，云数据库并非一种全新的数据库技术，而是以服务的方式提供数据库功能。云数据库所采用的数据模型可以是关系型数据库所使用的关系模型，如 Microsoft Azure SQL 云数据库，也可以是 NoSQL 数据库所使用的非关系模型。

知识链接：华为数据存储与智能管理

学习感悟

目前，大数据主要来源于搜索引擎服务、电子商务、社交网络、音视频、在线服务、个人数据业务、地理信息数据、传统企业、公共机构等领域。大数据面临的存储与管理问题主要体现在种类和来源多样化、存储管理复杂化、对数据服务的种类和水平要求越来越高等方面。为了有效应对现实世界中复杂多样的大数据处理需求，需要针对不同的大数据应用特征，从多个角度、多个层次对大数据进行存储与管理。管理大数据的关键是制定战略，以高自动化、高可靠性、高成本效益的方式归档数据。目前，华为、阿里巴巴、百度、腾讯等公司正在打造世界领先的数据存储产品与解决方案。

任务实训

1. 在线测试：大数据存储与管理。

2. 非关系型存储系统有哪些？它们的特点是什么？

3. 登录百度智能云官网及百度网盘了解百度智能云与百度网盘的区别，并使用百度网盘完成相应文件的上传与下载等操作，探索百度网盘的存储服务。

任务评价

评价类目	评价内容及标准	分值	自己评分	小组评分	教师评分
学习态度	✔ 全勤（5 分） ✔ 遵守课堂纪律（5 分）	10 分			
学习过程	➤ 能够说出本任务的学习目标，上课积极回答问题（5 分） ➤ 能够回答分布式文件系统存储的原理（5 分） ➤ 能够回答典型的 NoSQL 及它们各自特点（5 分） ➤ 能够理解与回答云存储和云数据库的概念（5 分）	20 分			

续表

评价类目	评价内容及标准	分值	自己评分	小组评分	教师评分
学习结果	◆ "在线测试"选择题和判断题的考评（3 分×10=30 分） ◆ 非关系型存储系统 NoSQL 的考评（20 分） ◆ 百度智能云和百度网盘体验的考评（20 分）	70 分			
合　计		100 分			
所占比例		—	30%	30%	40%
综合评分					

项目总结

通过本项目，学生应该掌握的理论知识如下。

（1）数据存储的概念、数据存储的度量、数据存储介质、数据存储模式。

（2）传统数据存储与管理中的文件系统、关系型数据库、数据仓库和并行数据库技术。

（3）大数据存储与管理中的分布式文件系统、NoSQL 数据库、NewSQL 数据库、云存储和云数据库等相关技术。

通过本项目，学生应该掌握的技能如下。

（1）能够根据数据存储的度量判断数据存储的规模大小，能进行数据存储度量单位的换算。

（2）能够根据数据存储要求和数据特点选择合适的存储介质与数据存储模式。

（3）能理解和运用关系型数据库的各种核心元素。

（4）能使用百度网盘等云存储技术存储数据。

复习与巩固

1．有哪些常用的数据存储介质？存储介质的选择原则是什么？

2．数据存储模式有哪几种？比较它们各自的特点及适用的场景。

3．关系型数据库的特点是什么？常用的关系型数据库系统有哪些？

4．什么叫数据仓库？数据仓库与数据库有什么不同？

5．请列举典型的分布式文件系统，并简要描述。

6．NoSQL 数据库的特点是什么？有哪些典型的 NoSQL 数据库？

7．描述你对云存储的认识。

8．请针对学生课程成绩查询场景，设计主要的关系数据表结构，并描述对应的 SQL
语句。

项目 四

数据分析与挖掘

大数据之所以具备战略意义，不在于其数据量如何巨大，而在于通过对大数据的分析和挖掘，可以获得更多深入的、有价值的信息并加以利用，从而有效提升竞争力。数据分析与挖掘是挖掘大数据价值的主要手段，也是决定最终信息是否有价值的主要因素。

本项目将带领你认知数据分析的作用、基本分析方法和思维模式，运用常见的大数据分析模型与方法探究大数据挖掘的过程和应用。

学习目标

项目目标	
知识目标	1. 了解数据分析的概念； 2. 理解数据分析、数据挖掘、大数据分析的基本概念； 3. 熟悉数据分析的作用、数据挖掘的分类和相关技术； 4. 熟悉常见的大数据分析方法和大数据分析模型； 5. 掌握数据分析的常用方法和思维模式； 6. 掌握数据挖掘的过程和应用
能力目标	1. 能根据数据分析目标选定数据分析方法； 2. 能够描述数据挖掘过程，分析数据挖掘应用； 3. 能运用常见的大数据分析方法、工具和模型分析问题
素质目标	1. 养成数据挖掘和分析的职业习惯； 2. 养成对事物客观分析敏感的职业思维方式
思政目标	通过学习数据分析的思维模式，培养学生的辩证法思维及利用客观数据进行缘事析理的能力；通过把数据分析技术与社会热点相结合，培养学生的社会责任感和爱国主义情怀；通过学习数据分析和数据挖掘方法，学生可以理解人类对学习行为本身研究的努力和坚持，强化对未知世界和科学领域的探索愿望与憧憬

思维导图

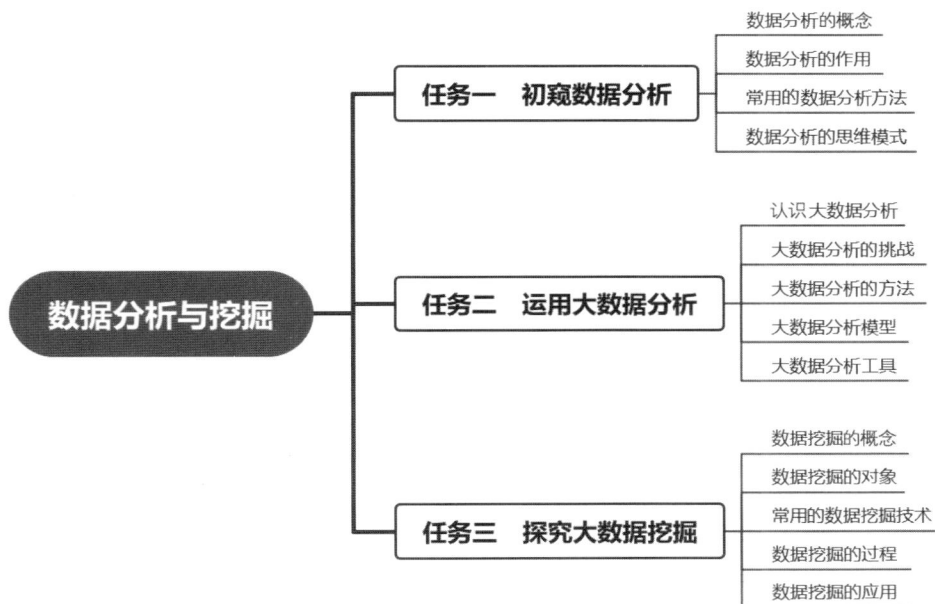

任务一 初窥数据分析

任务清单

工作任务	初窥数据分析	教学模式	任务驱动
建议学时	2 课时	教学地点	多媒体教室
任务描述	小王毕业后应聘一家化妆品公司的运营数据分析岗位，该公司主营面膜、水乳膏霜、玫瑰纯露等天然植物养护产品，在淘宝、京东、拼多多等都拥有网络店铺，其主要消费群体为女大学生、女白领等。在面试中，面试官问了小王一个问题："现在要求你以一位数据分析员的身份向经理汇报本月经营情况，你会怎样汇报？并说说你的理由。"小王要回答好这个问题，必须掌握好数据分析的基本思维逻辑，明确数据分析角度		
任务目标	<ul><li>理解数据分析的概念；</li><li>掌握数据分析的作用；</li><li>掌握常用的数据分析方法；</li><li>理解和掌握数据分析的思维模式；</li><li>能根据企业需求和数据分析的作用确定数据分析目标；</li><li>能根据实际需求应用不同的数据分析思维模式；</li></ul>		

续表

任务目标	<ul><li>能根据数据分析需要选择合适的数据分析方法；</li><li>培养逻辑思维能力和数据思维能力</li></ul>
关键词	数据分析作用、数据分析方法、数据分析模式、维度法、指标法

//**知识必备**

一、数据分析的概念

所谓数据分析，是指用适当的方法对收集来的大量数据进行分析，提取有用信息和形成结论，从而对数据加以详细研究和概括总结的过程。

微课视频 26：数据分析的概念与作用

在实际应用中，数据分析可帮助人们做出判断，以便人们采取适当的行动。例如，数据分析可以帮助企业提升营销的针对性，帮助政府实现市场经济调控，帮助医疗机构建立疫情风险跟踪机制，帮助航空公司节省运营成本等。

二、数据分析的作用

数据分析的作用在于人们能利用数据分析的结果解决遇到的问题。具体而言，数据分析的作用主要体现在以下三个方面。

（一）现状分析——发生了什么

现状分析也称为描述性分析，是最常见的数据分析形式。它是对历史的洞察，即回答"发生了什么"。此种分析完全基于历史对数据进行描述，这里的"历史"是指数据发生的任何特定时间，可以是一个月前、几年前，也可以是一分钟前或几秒前。

现状分析的作用在于能分析企业目前的整体运营情况，并通过各种运营指标来衡量企业当前的运营状况，指出其中存在的优势与不足。此外，通过分析企业业务的组成，还可了解企业业务的发展和变化情况，并对企业业务的状态有更深入的了解。现状分析通常以报告形式呈现，如每日、每周和每月报告。

（二）原因分析——为什么会发生

原因分析也称为诊断性分析，通过数据分析来回答"为什么会发生"。因此，通过数据分析可以了解与自己工作的组织、客户、员工、产品等相关的特定行为和事件发生的原因。假设我们没有对产品的销售进行任何营销修改，但它的销售额已显著增加，则可用原因分析识别这种异常并确定这种变化的原因。

原因分析可以帮助人们更好地了解自己的数据，并以多种方式找到应对业务挑战的答案。企业可以使用工具来过滤、查找和比较个人创建的数据，以便使用这种分析形式更好地了解其客户。原因分析通常通过主题进行分析，即根据企业的经营情况和一定的现状进行分析。

（三）预测分析——可能发生什么

预测分析是指专注于预测并理解未来可能发生的情况。它通过分析历史数据与客户洞察来总结过去的数据模式和趋势，来回答"可能发生什么"。预测分析大多是基于概率的，即预测事件在未来发生的概率，或者事件在大概率上会如何发生。在预测分析中，一般会使用数据挖掘、统计建模和机器学习算法等方法。

预测分析能帮助企业对未来发展趋势进行预测，制定业务目标，设计有效的营销计划，规避风险，提供有效的战略和决策依据，以确保企业持续健康发展。预测分析通常是通过主题分析来完成的，主题分析一般在制订企业的季度计划和年度计划时进行。

数据分析在以上三个方面的作用分别对应人们日常数据分析中的三种基本类型：描述性分析、诊断性分析、预测分析。这三种基本类型在实际应用中的复杂性也是由低到高排列的。在数据分析类型中，通常还会提到另一种，即规范性分析，它可归于数据分析类型中的第四种，这种分析是最后的、最复杂的阶段，告诉企业"需要做什么、该怎么做"，可以帮助企业根据可用的数据做出最佳决策，即执行哪些操作。规范性分析需要多种技术和工具应用，分析的数据包括内部数据和外部数据，因此很少用于日常业务运营。典型的规范性分析的应用场景有石油和制造业中追踪价格波动、保险业中为客户评估有关定价和保费信息的风险等。

三、常用的数据分析方法

知道了数据分析的三大作用，那么这些作用应该通过什么样的数据分析方法来实现呢？这三大作用分别对应对比、细分、预测三类基本方法，如表 4-1 所示。

微课视频 27：常用的数据分析方法

表 4-1 常用的数据分析方法

数据分析作用	基本方法	数据分析方法
现状分析	对比	对比分析 平均分析 ……
原因分析	细分	分组分析 交叉分析 ……
预测分析	预测	回归分析 时间分析 ……

针对不同的数据分析的作用，有不同的数据分析方法。这里介绍日常使用较多的几种数据分析方法：对比分析法、平均分析法、分组分析法、交叉分析法。

（一）对比分析法

对比分析法是数据分析的基本方法之一，也是应用最广泛的数据分析方法。它是指对两个或两个以上的数据进行比较，分析它们的差异，从而揭示这些数据所代表的事物的发展变化情况和规律。

对比分析法的特点是可以非常直观地看出事物某方面的变化或差距，并且可以准确、量化地表示出这种变化或差距是多少。对比方法可分为静态比较和动态比较两类。静态比较是指在同一时间条件下对不同总体指标的比较，如不同地域、不同月份的比较，也叫横向比较，简称横比。动态比较是指在同一总体条件下对不同时期指标数值的比较，也叫纵向比较，简称纵比。在进行对比分析时，可以使用总体指标、相对指标、平均指标，或者将它们结合起来进行对比。

目前，对比分析法常用的维度有以下几个。

（1）与目标对比：实际完成值与目标进行对比，属于横比。例如，企业在每年年初都会制定全年销售目标，年底总结时就要把实际销售情况与年初制定的销售目标进行对比。

（2）不同时期对比：选择不同时期的指标数值作为对比标准，属于纵比。与去年同期进行对比称为同比，与上个月完成情况进行对比称为环比。通过对比自身在不同时间点的完成情况，就可知道自身是进步的还是退步的。

（3）同级部门、单位、地区对比：与同级部门、单位、地区进行对比，属于横比。

（4）行业内对比：与行业中的标杆企业、竞争对手或行业的平均水平进行对比，属于横比。

（5）活动效果对比：对某项营销活动开展前后的销售情况进行对比，属于纵比。

此外，采用对比分析法时还要考虑以下几种因素。

（1）指标的口径方位、计算方法、计量单位必须一致。

（2）对比的对象要有可比性。

（3）对比的指标类型必须一致。

（二）平均分析法

平均分析法也是应用较广泛的数据分析方法，是指运用计算平均数的方法来反映总体在一定时间、地点条件下某一数量特征的一般水平。例如，各月收入数字不同，但利用平均数可衡量正常月份的收入水平。

平均分析法的主要作用如下。

（1）利用平均指标对比同类现象在不同地区、不同行业、不同类型单位等之间的差异程度，比用总量指标对比更具有说服力。

（2）利用平均指标对比某些现象在不同历史时期的变化，更能说明其发展趋势和规律。

平均指标有算术平均数、调和平均数、几何平均数、众数和中位数等。算术平均数=总体各单位数值的总和/总体单位个数。

（三）分组分析法

数据分析不仅要对总体的数量特征和数量关系进行分析，还要深入总体内部进行分组分析。分组分析法是一种重要的数据分析方法，这种方法是根据数据分析对象的特征，按照一定的标志（指标）把数据分析对象划分为不同的部分和类型来进行研究，以展示其内在的联系和规律性。例如，研究工人技术水平，可按工人技术等级分组；考核完成计划情况，可用完成计划的100%这一数值作为分组的界限。

分组是为了进行组间对比，把总体中具有不同性质的对象区分开，把性质相同的对象合并在一起，保持各组内对象属性的一致性、组与组之间属性的差异性，以便进一步运用各种数据分析方法来解析内在的数量关系，因此分组分析法必须与对比分析法结合运用。

分组分析法的关键在于确定组数与组距。在数据分组中，各组之间的取值界限称为组限，一个组的最小值称为下限值，最大值称为上限值；上限值与下限值的差值称为组距；上限值与下限值的平均数称为组中值，它是一组变量值的代表值。

（四）交叉分析法

交叉分析法又称立体分析法，是从交叉、立体的角度出发进行数据分析的一种分析方法。交叉分析法通常用于分析两个变量（字段）之间的关系，即同时将两个有一定联系的变量及其值交叉排列在一张表格内，使各变量值成为不同变量的交叉节点，形成交叉表，从而分析交叉表中变量之间的关系。这种方法虽然复杂，但它弥补了"各自为政"分析方法带来的偏差。

例如，针对某公司销售情况进行分析，想分析不同地区各类别产品的销售额差异，就需要将地区、产品进行交叉，行代表地区，列代表类别，交叉节点为销售额。

四、数据分析的思维模式

在数据分析中，我们一般需要掌握结构化思维、假说演绎思维、指标化思维和维度分析思维四种思维模式。结构化思维和假说演绎思维主要帮助我们进行定性分析，指标化思维和维度分析思维主要帮助我们进行定量分析。

微课视频28：数据分析的思维模式

（一）结构化思维

结构化思维就是把复杂问题分解成多种单一因素的过程，并且将这些因素加以归纳和整理，使之条理化、纲领化，如图 4-1 所示。这个过程犹如抽丝剥茧，将"一团乱麻"整理得有条理。例如，某产品 4 月份的销售额和去年相比，同比下降了 30%，那么在进行数据分析时，首先分析时间趋势下的波动，看是突然暴跌还是逐渐下降；然后分析不同地区的数据差异，看有没有地区性的因素影响；最后分析竞争对手的数据，这样一步步用结构化思维进行梳理。

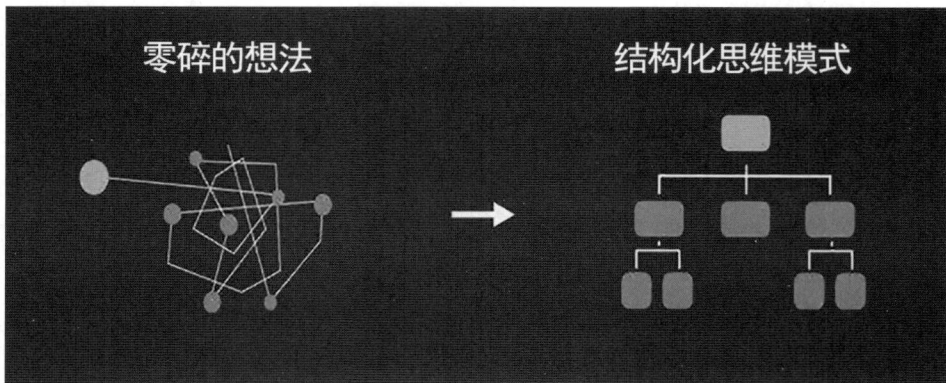

图 4-1　结构化思维

（二）假说演绎思维

以现实情况为起点的推理方法叫作归纳推理，以规则为起点的推理方法可以称为演绎推理。

例如，某网店想将某款商品提价，如何分析销售额的变化情况呢？

首先可以确定，商品提价后销量会下降，那么，会下降多少呢？

在分析时，先假设商品流量情况、提价后转化率的变化情况，再根据历史数据汇总出销量下降的情况，从而得出销售额的变化情况，如图 4-2 所示。这在统计学中也会有一些科学的预测模型。

假设先行就是以假设作为思考的起点，提出问题，然后用 MECE 原则梳理关联因素间的结构关系。

知识链接：MECE 原则

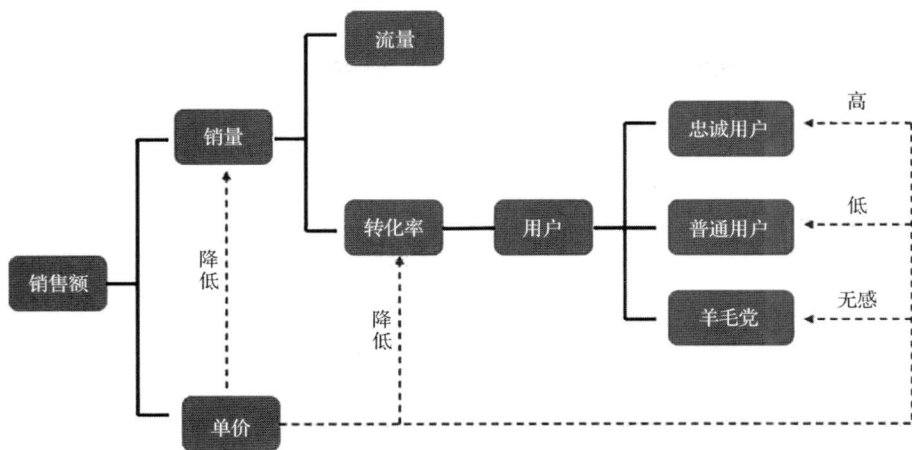

图 4-2　假说演绎思维过程

（三）指标化思维

指标化思维是指用指标衡量和说明问题的一种思维方式。结构化思维和假说演绎思维主要用于定性问题，接下来需要通过相应指标来定量分析具体可执行的部分。数据分析是精细化的工作，一定要建立起数据分析的指标化思维模式。

假设有一家电商公司，我们想要了解其网站的运营情况。运营人员向我们描述："我们网站的流量很高，比淘宝差一点，比京东好一点，每天都有大量的新用户，老用户下单也很活跃。"那我们就疑惑了，流量高是多少？大量的新用户怎么衡量？一个手机号注册了算新用户还是新下单的用户？下单活跃又是怎样的活跃法？这样的问题相信只能凭运营人员的经验来判断，而经验带来的"后果"往往是拍脑袋式的决策。

如果运用指标化思维，那么整个网站的运营过程都可以用指标来定义、评价和衡量业务的执行标准。图 4-3 所示为指标化思维过程。

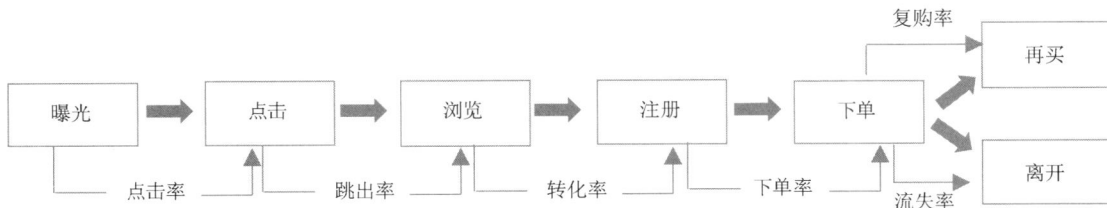

图 4-3　指标化思维过程

在进行指标分析时，不是有指标就行了，而是应该把指标按照结构化思维形成一个体系，如销售分析指标体系、生产指标体系、电商行业指标体系。指标体系没有统一的模板，不同的业务形态有不同的指标体系。一家企业建立的数据分析体系通常细分到具体可执行的部分，可以根据设定的某个指标的异常变化，立即执行相应的方案，以保证运营的正常进行。

建立指标体系的思路如下。

向上： 可以按业务职能结构进行划分，映射出更多维度，如渠道、运营、产品等相关模块；将相关指标映射到主要模块，通过简单、快速的沟通，快速定位问题原因。

向下： 可以按因果结构进行划分，即指标分解，利用公式的方法。比如，按"销售额=下单人数×平均每人购买金额"等因果关系进行划分；通过定位指标波动、定位最细指标、辅助维度下转能够清楚问题原因。就像大树一样，从主干不断延伸到枝丫，将业务用指标评价量化，逐渐形成一个健全的数据分析指标体系。

（四）维度分析思维

维度不是一个固定的数字，而是一种视角，是描述对象的参数，在具体分析中，我们可以把它认为是分析事物的角度。销量是一种角度，活跃率是一种角度，时间也是一种角度，因此它们都能算作维度。当有了维度后，就能够通过不同的维度组合形成数据模型。数据模型不是一个高深的概念，它就是一个多维立方体。

假如有如表 4-2 所示的商品信息表和如表 4-3 所示的客户成交订单表。

表 4-2　商品信息表

品牌	机型	容量	产品型号	上市日期	售价
小米	9	6GB+64GB	XM8063	2019 年 5 月	2299
苹果	X	128GB	APPXD2	2020 年 9 月	6399
苹果	XS	256GB	APPXS3	2021 年 9 月	10099
华为	Mate 40	8GB+128GB	HWM43	2021 年 1 月	4499
华为	Mate 40 Pro	8GB+256GB	HWMP43	2021 年 1 月	6399
……	……	……	……	……	……

表 4-3　客户成交订单表

订单号	产品型号	用户名	下单时间	实付价/元	折扣	城市	……
80023861	HWMP43	zhuli	2021 年 2 月 21 日	6199	0.969	北京	……
80023862	HWMP43	wanwu	2021 年 3 月 2 日	6099	0.953	上海	……
80023863	APPXS3	pengli	2021 年 11 月 21 日	9999	0.99	杭州	……
……	……	……	……	……	……	……	……

在表 4-2 中，可以选择品牌作为维度，分析手机的销量情况；也可以将时间作为维度，分析每年各种手机品牌的市场份额。在表 4-3 中，可以选择产品型号作为维度，分析产品型号在各城市的销售情况。假如我们把两张表结合起来，选择品牌、城市、时间这三个维

度，就可组成如图 4-4 所示的一个简化的多维分析模型，这样得到的信息就会更多。

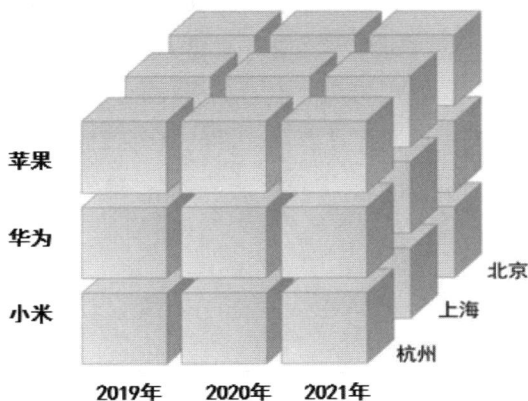

图 4-4　多维分析模型

想一想：

选定品牌、城市、时间这三个维度后，能够得到哪些信息？

在多维分析中，我们可以通过钻取（Drill-down）、上卷（Roll-up）、切片（Slice）、切块（Dice）及旋转（Pivot）等操作获取不同信息。

（1）钻取：在维的不同层次间的变化，从上层降到下层，或者说是将汇总数据拆分为更细节的数据，如通过对 2021 年华为手机的总销售数据进行钻取来查看各个手机型号的销售数据。

（2）上卷：钻取的逆操作，即从细粒度数据向高层聚合，如将南京、上海和杭州的销售数据进行汇总来查看江浙沪地区的销售数据。

（3）切片：选择维中特定的值进行分析，如只选择苹果手机的销售数据或 2019 年的手机销售数据。

（4）切块：选择维中特定区间的数据进行分析，如选择 2019 年和 2021 年的销售数据。

（5）旋转：维的位置的互换，就像二维表的行列转换。例如，在图 4-4 中，通过旋转可实现产品维和地域维的互换。

学习感悟

在进行数据分析时，首先要明确数据分析的目的，是做现状分析、原因分析还是预测分析，只有确定了数据分析的目的才会有方向。接下来就要选择以哪种思维模式进行分析。结构化思维模式和假说演绎思维模式主要用于把复杂问题条理化，但它们毕竟只是定性思维模式，实际的数据分析必须有定量思维，即我们通常所说的指标思维和维度思维，要学会利用客观数据进行缘事析理。在做数据定量分析时，首先必须确定分析的维度。对商务数据分析而言，常用的维度包括时间维度、空间维度（泛指除时间维度外的维度）。在确定维度后，就要确定分析的指标。在用指标法做数据分析时，关键是选择合适的指标，这可以根据企业实际情况，有针对性地选择具有可读性的监测指标。最后在指标分析中结合常用的数据分析方法（如对比分析法、平均分析法、分组分析法等）进行具体分析。

任务实训

1. 在线测试：初窥数据分析。

2. 针对任务描述中面试官的提问，联系所学知识，小王应该怎么回答呢？

3. 在移动互联网时代，微信、微博、抖音等新媒体非常盛行，新媒体运营中又以内容运营为核心，其基本流程为"内容收集→内容编辑发布→用户浏览→用户点击→用户阅读→用户评论转发"。请用数据分析中的指标化思维，为内容运营流程中的每一步建立数据分析的指标。

任务评价

评价类目	评价内容及标准	分值	自己评分	小组评分	教师评分
学习态度	✔ 全勤（5分） ✔ 遵守课堂纪律（5分）	10分			
学习过程	➤ 能够说出本任务的学习目标，上课积极回答问题（5分） ➤ 能够回答数据分析的作用（5分） ➤ 能够回答常用的数据分析方法（5分） ➤ 能够理解和回答数据分析的思维模式（5分）	20分			
学习结果	◆ "在线测试"选择题和判断题的考评（3分×10=30分） ◆ 针对任务描述中小王的数据分析思路的考评（20分） ◆ 建立数据分析指标的考评（20分）	70分			
合　计		100分			
所占比例		—	30%	30%	40%
综合评分					

任务二 运用大数据分析

任务清单

工作任务	运用大数据分析	教学模式	任务驱动
建议学时	2 课时	教学地点	多媒体教室
任务描述	小王应聘到某化妆品公司后，领导交给他一个任务，目前公司想推出一款新面膜，但在进入市场前，需要分析市场的可行性及产品的设计路线。现在是大数据时代，要求小王运用大数据分析面膜市场的发展趋势、需求情况、人群画像等。小王应该怎么做呢？要运用大数据分析，小王必须正确理解大数据分析的概念、熟悉大数据分析的方法和大数据分析模型，掌握大数据分析工具的使用方法		
任务目标	• 理解大数据分析的概念，认识它与传统数据分析的不同； • 掌握大数据分析的常用方法； • 理解和掌握常用的大数据分析模型； • 了解大数据分析的常用工具； • 能利用常用的大数据分析技术进行大数据分析； • 能根据具体场景灵活地选用大数据分析模型进行数据分析； • 培养逻辑思维能力和良好的数据分析习惯		
关键词	大数据分析方法、大数据分析模型、大数据分析工具		

知识必备

一、认识大数据分析

大数据分析是指对规模巨大的数据进行分析。在本教材的项目一中，我们已经了解了大数据的概念，大数据具有数据规模大、数据类型多、处理速度快、价值密度低等特征，也理解了大数据全样而非抽样、效率而非精确、相关而非因果的思维模式。那么，它与传统数据分析有什么不同吗？

微课视频 29：大数据分析的概念、挑战、方法

与传统数据分析相比，大数据分析的不同主要表现在以下四个方面。

第一，传统数据分析一般基于结构化、关系型的数据，而且往往取一个很小的数据集来进行预测和判断。除了结构化、关系型数据，大数据分析还可以处理半结构化数据或非结构化数据，是对数据全集直接进行存储与管理分析的。

第二，传统数据分析是抽样的小样本分析，往往要用小样本来预测整个数据全集的特性，这就决定了所采集的小样本必须是高品质的，否则预测出来的结果就会出现很大偏差。大数据分析是对整个数据全集的分析，对数据的一些噪声有一定的包容性，不用考虑数据

的分布状态，也不用考虑假设检验。

第三，传统数据分析是根据小样本数据的分析对全局数据进行分析和预测，在整个预测分析过程中往往采用因果关系的推理过程。现在的大数据分析并不关注因果关系，而是基于数据全集的分析。对企业来说，需要了解的是关联性的分析和规律性的特性。比如，啤酒跟纸尿裤的销售量同步上升，那么在大数据的分析下，我们不需要了解为什么啤酒和纸尿裤的销售量会同步增长，只需要知道啤酒和纸尿裤的销售量是同步上升的就可以了，基于这个结果，就可以制定很多商业策略和营销手段。

第四，大数据分析的数据往往是海量的，特别是很多新兴的数据具有时效性，打破了原先数据一定先搜集、清洗、存储，再进行分析的滞后手段。很多分析的需求往往是实时的，需要边采集边分析。互联网上人们留下的社交信息、地理位置信息、行为习惯信息、偏好信息等各种维度的信息都可以实时处理，这也是大数据分析的另一大特性。

二、大数据分析的挑战

数据分析是整个大数据处理流程的核心，大数据的价值产生于分析过程。从异构数据源抽取和集成的数据构成了数据分析的原始数据，根据不同应用的需求可以从这些数据中选择全部或部分进行分析。传统的分析技术在大数据时代需要进一步调整，这些技术在大数据时代面临着一些新的挑战。

（1）数据量大并不一定意味着数据价值的增加，在进行分析之前如何迅速"提纯"是大数据亟待解决的难题。

（2）大数据时代的数据规模大，数据分析算法需要进行调整，以解决算法的效率问题。

（3）大数据时代的数据类型多而杂乱，仅靠传统数据分析中的统计学已无能为力。

（4）数据结果的好坏如何衡量是需要解决的问题。

三、大数据分析的方法

就分析方法而言，大数据分析方法与传统数据分析方法无本质区别。数据分析的核心工作是对数据指标的分析、思考和解释。人脑可以携带的数据量极为有限。因此，无论是传统数据分析还是大数据分析，都需要根据分析思路对原始数据进行统计处理，以获得汇总统计结果供人为分析。二者在此过程中十分相似，不同之处仅在于处理方法是根据原始数据的大小选择的，相关的技术手段也会做一些改进。常用的大数据分析方法有以下几种。

（一）降维分析

进行数据分析时，我们可以选择多维度来进行分析，但是维度并不是越多越好。对大量和大规模的数据进行数据分析时，往往会面临"维度灾害"。数据集的维度在无限地增加，但计算机的处理能力和速度是有限的。此外，数据集的多个维度之间可能存在共同的线性关系，这会造成学习模型的可扩展性不足，甚至造成许多优化算法的结果无效。

数据降维也被称为数据归约或数据约减。它的目的就是减少数据计算和建模中涉及的维数，目前主要有两种数据降维思想：一种是基于特征选择的降维，另一种是基于维度变换的降维。

（二）回归分析

回归分析研究的是自变量 X 对因变量 Y 的数据分析。在回归分析中，只包括一个自变量和一个因变量，且二者的关系可用一条直线近似表示，这种回归分析被称为一元线性回归分析。如果回归分析中包括两个或两个以上的自变量，且因变量和自变量之间也是线性关系，则这种回归分析被称为多元线性回归分析。根据影响是否是线性的，可以分为线性回归和非线性回归。

（三）聚类分析

简单来说，"物以类聚"这一成语就是聚类分析的基本思想。聚类是大数据挖掘和测算中的基础任务，聚类分析是将数据集中具有相似特点的数据点或数据样本划分为一个类型，最终使数据集转化成好几个类的分析方法，类内的群体具有较大的相似度，而类与类之间存在一定的差异。数据集中包含大量的数据，必然存在相似的数据样本，基于这个假设就可以将数据区分出来，并发现不同类的特征。

（四）分类分析

分类分析是解决分类问题的一种方法，是数据挖掘、机器学习和模式识别的一个重要研究领域。分类是根据其特性将数据"分门别类"，所以在许多领域都有广泛的应用。例如，在银行业务中，可以构建一个客户分类模型，对客户按照贷款风险的大小进行分类；在图像处理中，分类可以用来检测图像中是否有人脸出现；在手写识别中，分类可以用于识别手写的数字；在互联网搜索中，网页的分类可以帮助进行网页的抓取、索引与排序。

（五）关联分析

在自然界，某种事件发生时其他事件也发生，这种联系称为关联。关联分析是一种简单、实用的分析方法，就是发现存在于大量数据集中的关联性或相关性，从而描述一个事物中某些属性同时出现的规律和模式。关联分析的一个典型实例是购物篮分析。该实例通过发现顾客放入其购物篮中的不同商品之间的联系，分析顾客的购买习惯，了解哪些商品频繁地被顾客同时购买，这些发现可以帮助零售商制定营销策略。此外，关联分析的应用还包括价目表设计、商品促销、商品的摆放和基于购买模式的顾客划分等。

（六）时间序列分析

时间序列是一种用于研究数据随时间变化的算法，是一种常用的回归预测方法。其原则是事物的连续性。连续性是指客观事物的发展具有合乎规律的连续性，事物的发展是按照其内在规律进行的。在一定条件下，只要规则赖以发生作用的条件不产生质的变化，事物的基本发展趋势就会持续到未来。

（七）异常数据检测

在大多数数据挖掘或数据工作中，异常数据将被视为噪声，并在数据预处理过程中消除，以避免其对整体数据评估和分析挖掘产生影响。然而，在某些情况下，如果数据工作的目标是关注异常数据，这些异常数据将成为数据工作的焦点。

数据集中的异常数据通常被称为异常点、离群点或孤立点等。典型的特征是这些数据的特征或规则与大多数数据不一致，表现出异常的特征。检测这些数据的方法称为异常检测法。

四、大数据分析模型

要做好大数据分析，除了掌握大数据分析方法，还需要熟悉常见的大数据分析模型。大数据分析模型有很多，通常针对某种情景都会有相应的模型。下面结合常见的情景，介绍几种大数据分析模型。

微课视频 30：大数据分析模型和分析工具

（一）行为事件分析模型

行为事件分析模型主要用于研究某行为事件的发生对企业价值的影响及影响程度。企业借此来追踪或记录用户行为及业务过程，如用户注册、浏览产品详情页、成功投资、提现等，通过研究与行为事件发生关联的所有因素来挖掘用户行为事件背后的原因、交互影响等。

行为事件分析模型具有强大的筛选、分组和聚合能力，逻辑清晰且使用简单，已被广泛应用。行为事件分析模型一般包括事件定义与选择、下钻分析、解释与结论等环节。

（1）事件定义与选择：用户在某个时间点、某个地方，以某种方式完成某个具体的事件。

（2）下钻分析：最高行为事件分析需要支持任意下钻分析和精细化条件筛查。

（3）解释与结论：需要对分析结果进行合理化的解释和说明。

例如，某互联网金融客户运营人员发现，4 月 16 日来自新浪渠道的 PV 数异常高，需要快速排查原因，判断是异常流量还是虚假流量。企业可以先定义事件，通过"筛选条件"限定广告系列来源为"新浪"，再从其他维度进行细分下钻，如"地理位置""时间""广告系列媒介""浏览器等。当进行细分筛查时，虚假流量就无所遁形了。

（二）漏斗分析模型

漏斗分析是一套流程式数据分析。漏斗分析模型能够科学地反映用户行为状态及从起点到终点的各个阶段的用户转化情况。漏斗分析模型已经广泛用于流量监控、产品目标转化等日常数据运营与数据分析的工作中。漏斗分析模型是企业实现精细化运营、进行用户行为分析的重要数据分析模型，其精细化程度影响着营销管理的成败及用户行为分析的精准度。

例如，在一款产品服务平台中，直播用户从激活 App 到礼物花费中间需要经历注册账号、进入直播间、互动行为三个阶段，通过漏斗分析模型对各个阶段相关数据进行比较，能够直观地发现和说明问题所在，从而找到优化方向。对于业务流程相对规范、周期较长、环节较多的流程分析，漏斗分析模型非常实用。

（三）留存分析模型

留存分析模型是一种用来分析用户参与情况或活跃程度的分析模型，考察进行初始行为的用户中有多少用户会进行后续行为。这是衡量产品对用户价值高低的重要方法。一般来讲，留存率是指"目标用户"在一段时间内"回到网站/App 中完成某个行为"的比例，即若满足某个条件的用户数为 n，在某个时间点进行回访行为的用户数为 m，那么该时间点的留存率就是 m/n。常见的指标有次日留存率、七日留存率、次周留存率等。

例如，游戏行业要提高活跃度、留存率，如何精准找到玩家"流失点"。

游戏的生命周期的时长差异、玩家的游戏黏度，直接体现了游戏的竞争能力和盈利能力。玩家对游戏的直观感受、游戏难度曲线、游戏节奏的松弛、游戏福利等因素都能导致游戏玩家流失。正确找到玩家流失原因，是促进玩家活跃、挽留玩家的第一步。

（四）点击分析模型

以一种特殊高亮的颜色形式显示访客热衷的页面区域和访客所在的地理区域。显示页面或页面组（结构相同的页面，如商品详情页等）区域中不同元素点击密度的图示，包括元素被点击的次数、占比、发生点击的用户列表、按钮的当前与历史内容等因素。

点击图是点击分析方法的效果呈现。点击分析具有分析过程高效、灵活、易用、效果直观的特点。点击分析采用可视化的设计思想与架构，简洁直观的操作方式，直观呈现访客热衷的区域，帮助运营人员或管理者评估网页设计的科学性。

（五）用户行为路径分析模型

用户行为路径分析，顾名思义，就是用户在 App 或网站中的访问路径分析。为了衡量网站优化的效果或营销推广的效果，以及了解用户行为偏好，时常要对访问路径的转换数据进行分析。

以电商为例，买家从登录网站或 App 到支付成功要经过首页浏览、搜索商品、加入购物车、提交订单、支付订单等过程。而用户的选购过程是一个交缠反复的过程，如提交订单后，用户可能会返回首页继续搜索商品，也可能会取消订单，每个路径背后都有不同的动机。在使用用户行为路径分析模型时，需要与其他分析模型相结合，这样进行深入分析后，能快速找到用户动机，从而引领用户走向最优路径或期望中的路径。在用户行为路径分析中，比较常见的可视化呈现是桑基图。

（六）用户分群分析模型

针对产品的用户运营，会用到分群分析的方法。用户分群就是通过一定的规则找到对应的用户群体。在实际使用中，可以根据不同业务需要定义群组，常用的方法包括以下几种。

找到做过某些事情的用户群体，如过去 7 天完成过 3 次购物车结算的用户。

有某些特定属性的用户群体，如年龄在 25 岁以下的男性用户。

在转化过程中流失的用户群体，如提交了订单但没有付款的用户。

（七）分布分析模型

分布分析模型是用户在特定指标下的频次、总额等的归类展现，它可以展现出单个用户对产品的依赖程度，分析客户在不同地区、不同时段所购买的不同类型的产品数量、购买频次等，帮助运营人员了解当前的客户状态，以及客户的运转情况，如订单金额（100元以下、100～200 元、200 元以上等）、购买次数（5 次以下、5～10 次、10 次以上）等用户的分布情况。

分布分析模型的功能与价值：科学的分布分析模型支持按时间、次数、事件指标进行用户条件筛选及数据统计，为不同角色的人员统计用户在一天/周/月中，有多少个自然时间段（小时/天）进行了某项操作、进行某项操作的次数、进行事件指标。

（八）属性分析模型

用户属性分析是根据用户自身属性对用户进行分类与统计分析，属性分析模型是实现用户行为精细化运营的必备分析模型之一。利用该模型可查看用户数量在注册时间上的变化趋势、用户按省份的分布情况。用户属性涉及用户信息，如姓名、年龄、家庭、婚姻状况、性别、最高教育程度等自然信息，也涉及用户相关属性，如用户常驻省市、用户等级、用户首次访问来源等。属性分析模型的主要价值体现在丰富用户画像维度，让用户行为洞察粒度更细致。科学的属性分析模型是对于所有类型的属性都可以将"去重数"作为分析指标，对于数值类型的属性可以将"总和""均值""最大值""最小值"作为分析指标，添加多个维度。数值类型的维度可以自定义区间，方便进行更加精细化的分析。

五、大数据分析工具

对于数据分析工作者，开展大数据分析需要借助大数据分析工具。大数据分析工具分为两大类型：一类是用于大数据分析的软件工具，通过利用软件编程进行数据采集、处理和分析，需要具备软件开发能力；另一类是借助大数据分析平台，很多需要分析的大数据本身就是基于某个海量用户的商业平台，可以采用平台自带的大数据分析工具来做项目数据分析，如百度指数、生意参谋等。

（一）用于大数据分析的软件工具

用于展现分析的前端开源工具有 Hadoop、JasperSoft、Pentaho、Spagobi、 Openi、Birt 等。

用于展现分析的商用分析工具有 Style Intelligence、RapidMiner Radoop、Cognos、 BO、Excel、Microsoft Power BI、Oracle、Microstrategy、QlikView、Tableau。

用于展现分析的国产大数据分析工具有思迈特软件 SmartBI、帆软 FineBI、海致科技 BDP、阿里云 Quick BI、国云数据（大数据魔镜）等。

（二）大数据分析平台

好用的大数据分析平台有百度指数、微信指数、微博指数、生意参谋、360 趋势、京东商智、头条指数、飞瓜数据等。这些大数据分析平台都各自对应一个海量用户的商业平台，平台本身已经针对大数据分析做好了底层开发，可供数据分析员直接查询使用，开展项目分析；同时，平台一般提供数据下载功能，数据分析员可以通过下载数据进行进一步的个性化分析。

知识链接：百度指数

学习感悟

大数据分析相对传统数据分析，数据量更大、数据类型更复杂且是全集分析。在运用大数据分析时，一定要以真实数据为基础，以问题为导向，选择合适的大数据分析技术和大数据分析模型，运用合适的大数据分析工具，这样才能获得真实可靠的结果，以供决策。大数据的意义归根到底就四个字：辅助决策。利用大数据分析，能够分析现状、分析原因、发现规律、总结经验和预测趋势，这些都可以为辅助决策服务。因此，在进行大数据分析时必须与具体领域、行业相结合，这样才能为决策者提供帮助，显现其价值。大数据分析处理大量数据，使用大量技术，应用范围十分广泛，这些都是前所未有的。伴随着大数据、云平台、物联网、人工智能技术的快速发展，大数据分析必然会发挥更大的作用。

任务实训

1. 在线测试：运用大数据分析。

2. 针对任务描述中小王的任务，请利用百度指数、生意参谋等平台帮助其完成市场需求情况的分析。

任务评价

评价类目	评价内容及标准	分值	自己评分	小组评分	教师评分
学习态度	✓ 全勤（5分） ✓ 遵守课堂纪律（5分）	10分			
学习过程	➤ 能够说出本任务的学习目标，上课积极回答问题（5分） ➤ 能够回答大数据分析与传统数据分析的不同点（5分） ➤ 能够回答常用的大数据分析方法（5分） ➤ 能够理解和回答大数据分析模型（5分）	20分			
学习结果	◆ "在线测试"选择题和判断题的考评（3分×10=30分） ◆ 针对任务描述中小王的任务，利用百度指数、生意参谋等平台进行市场需求分析的考评（40分）	70分			
合　　计		100分			
所占比例		—	30%	30%	40%
综合评分					

任务三　探究大数据挖掘

任务清单

工作任务	探究大数据挖掘	教学模式	任务驱动
建议学时	2课时	教学地点	多媒体教室
任务描述	沃尔玛为了能够准确了解顾客在其门店的购买习惯，对其顾客的购物行为进行了挖掘分析，得到了一个令人惊奇和意外的结果："跟纸尿裤一起购买最多的商品竟是啤酒"。那么，这个结果沃尔玛是怎么发现的呢？数据挖掘是什么？数据挖掘的过程是怎样的？初入数据分析岗位的小王很想探究大数据挖掘		

续表

任务目标	• 正确理解数据挖掘的概念； • 掌握数据挖掘的对象； • 理解和熟悉常见的数据挖掘技术； • 掌握数据挖掘的过程； • 了解数据挖掘的应用； • 能利用常用的数据挖掘技术进行数据分析和挖掘； • 能掌握数据挖掘的过程，厘清数据挖掘的思路，进行数据挖掘； • 培养逻辑思维能力
关键词	数据挖掘、数据挖掘对象、关联分析、分类分析、聚类分析、CRISP-DM 模型

▓ 知识必备

一、数据挖掘的概念

微课视频 31：数据挖掘概念、对象、常用技术

数据挖掘是指从海量数据中挖掘出隐藏的、有价值的知识和信息。数据挖掘通常与计算机科学有关，并通过统计、在线分析处理、情报检索、机器学习、专家系统（依靠过去的经验法则）和模式识别等诸多方法来实现。

数据挖掘是近年来伴随数据库系统的大量建立和万维网的广泛应用而发展起来的一门技术。数据挖掘是一门交叉性学科，它涉及数据库技术、机器学习、统计学、人工智能、可视化分析、模式识别等多门学科。近年来，随着大数据的发展，数据挖掘的应用越来越广泛，但是由于数据量庞大、不完全且模糊，因此针对大数据的数据挖掘仍是一个难题。

数据挖掘首先是搜集数据，数据越丰富越好，数据量越大越好，只有获得足够多的高质量的数据，才能获得准确的判断，才能产生认知模型，这是量变到质变的过程。在这个过程中产生经验，而经验的积累能产生有价值的判断。认知模型是渐进发展的模型，当认识深入以后，将生成更加抽象的模型与猜想，通过猜想扩展模型，从而达到深度学习和深度挖掘的目的。正确理解数据挖掘的概念，需要注意以下几点：

（1）数据挖掘涉及数据融合、数据分析和决策支持等内容。

（2）数据源必须是真实、大量、含有噪声、用户感兴趣的数据。

（3）发现的知识要可接受、可理解、可运用，并不要求发现放之四海而皆准的知识，仅支持特定的问题。

（4）数据是知识的源泉，将概念、规则、模式、规律和约束等视为知识，从数据中获取知识。

（5）原始数据可以是结构化数据，如关系型数据库中的数据等，也可以是非结构化数据，如文本、图形和图像等，还可以是半结构化数据，如网页等。

（6）挖掘知识的方法可以是数学的方法，也可以是非数学的方法；可以是演绎的方法，也可以是归纳的方法。

（7）挖掘的知识具有应用的价值，可以用于信息管理、查询优化、决策支持和过程控制等，还可以用于数据自身的维护。

（8）数据挖掘是一门交叉学科，将人们对数据的应用从低层次的简单查询，提升到从数据中挖掘知识，提供决策支持。

二、数据挖掘的对象

原则上，数据挖掘可以基于任何类型的信息存储数据进行挖掘，如关系型数据库、数据仓库、面向对象数据库、复杂数据（文本及图等）等。数据挖掘的挑战性和采用的技术因源数据的存储系统的不同而不同。

（一）关系型数据库

关系型数据库是表的集合，每个表有唯一的名字和一组属性，并可存放大量的记录。关系型数据库是数据挖掘最流行、最丰富的数据源，是数据挖掘研究的主要对象。

（二）数据仓库

数据仓库一般用多维数据库结构建模，每个维度对应一组属性。数据仓库是通过数据清洗、数据集成、数据变换、数据装入和定期刷新数据来构造的。例如，某跨国公司 A 在世界各地都有分公司，每个分公司都有自己的数据库，每个数据库的物理存放地都不同。现在，总公司要求汇总公司第二季度每种商品、每个分公司的销售情况。这时需要一个数据仓库，从各个分公司收集数据，通过一致的模式进行存储。

（三）面向对象数据库

面向对象数据库是基于面向对象程序设计的，其将一个实体看作一个对象，如每个顾客、商品都可以当作一个对象，一个对象的相关属性和行为都被封装在一个单元中。 对具有公共特性的对象可以归入一个类。每个对象都是这个类的一个实例。类可以生成子类，子类可以继承父类的公共特性，又可以有自身的特性。

（四）复杂类型数据

复杂类型数据是指具有各种各样的形式和结构，有很多不相同的语义的数据，如序列数据（时间、符号、生物学序列）、图与网络数据、空间数据、多媒体数据、文本数据等。

三、常用的数据挖掘技术

根据挖掘任务可将数据挖掘技术分为预测模型发现、聚类分析、分类与回归、关联分析、序列模式发现、依赖关系或依赖模型发现、异常和趋势发现、离群点检测等。这里只介绍三种常用的数据挖掘技术。

（一）关联分析

关联分析（Association Analysis）就是发现大量数据中隐藏的关联性或相关性，进而描述出一个事物中某些属性同时出现的规律和模式，它是数据挖掘中最成熟、最活跃的一个分支，广泛应用于市场营销、事务分析等领域。

表 4-4 所示为 7 位不同的顾客在某商场的购物清单。定义这样一个规则："{牛肉}→{鸡肉}"，在 t1～t7 位顾客中，同时购买牛肉和鸡肉的顾客比例为 3/7，而购买牛肉的顾客中也购买了鸡肉的顾客比例是 3/4。这两个比例参数在关联规则中被称作支持度和置信度，是两个重要的衡量指标。

对于规则"{牛肉}→{鸡肉}"，支持度为 3/7，表示在所有顾客中有 3/7 同时购买牛肉和鸡肉，反映了同时购买牛肉和鸡肉的顾客在所有顾客中的覆盖范围；置信度为 3/4，表示在买了牛肉的顾客中有 3/4 的人买了鸡肉，反映了可预测的程度，即顾客购买了牛肉的同时，购买鸡肉的可能性有多大。

表 4-4　7 位不同顾客在某商场的购物清单

TID	购物清单
t1	牛肉、鸡肉、牛奶
t2	牛肉、奶酪
t3	奶酪、靴子
t4	牛肉、鸡肉、奶酪
t5	牛肉、鸡肉、衣服、奶酪、牛奶
t6	鸡肉、衣服、牛奶
t7	鸡肉、牛奶、衣服

结合以上例子，在数据挖掘中有以下定义。

（1）事务：一条交易被称为一个事务，如每位顾客一次购买的商品集合为{t1,t2,…,t7}。

（2）项：交易的每个物品被称为一个项，如鸡肉、牛肉。

（3）项集：包含零个或多个项的集合被称为项集，如{牛肉,鸡肉,衣服}。

（4）k-项集：包含 k 个项的项集被称为 k-项集，如{牛肉}叫作 1-项集，{牛肉,鸡肉}叫作 2-项集。

（5）支持度计数：一个项集出现在多少个事务中，它的支持度计数就是多少。例如，{牛

121

肉}出现在 t1、t2、t4、t5 这 4 个事务中，那么它的支持度计数为 4。

（6）支持度：支持度为支持度计数除以总的事务数。例如，总的事务数为 7，{牛肉}的支持度计数为 4，那么，{牛肉}的支持度是 4/7，说明 4/7 的人购买了牛肉。

（7）频繁项集：支持度大于或等于某个阈值的项集即为频繁项集。例如，当设置阈值为 50%时，{牛肉}的支持度为 4/7=57%>50%，那么，{牛肉}是频繁项集。

（8）前件、后件：对于规则"{牛肉}→{鸡肉}"，{牛肉}是前件，{鸡肉}是后件。

（9）置信度：对于规则"{牛肉}→{鸡肉}"，{牛肉,鸡肉}的支持度计数除以{牛肉}的支持度计数，即为这个规则的置信度。{牛肉,鸡肉}的支持度计数为 3，{牛肉}的支持度计数为 4，那么，置信度为 3/4。

（10）强关联规则：大于或等于最小支持度阈值和最小置信度阈值的规则被称为强关联规则。

关联分析的最终目标就是找出强关联规则。支持度和置信度只是两个参考值而已，并不是绝对的，也就是说，假如一条关联规则的支持度和置信度都很高，不代表这个规则之间就一定存在某种关联。关联规则的经典算法包括 Apriori 算法、FP-Growth 算法等。

（二）分类分析

分类分析是一种基本的数据分析方式，其根据现有数据，对用户或产品等的类别特征抽象归纳为模型，并能为新的用户或产品等进行类别预测的过程。分类分析是数据挖掘中预测建模的一种任务，用于预测离散的目标变量；而回归分析用于预测连续的目标变量。比较科学的分类定义：分类任务就是通过学习得到一个目标函数 f，把每个属性集 x 映射到一个预先定义的类标号 y。例如，预测一个 Web 用户是否会在网上书店买书是分类任务，因为该目标变量只有两个值——是、否；预测某支股票的未来价格是回归任务，因为价格具有连续值的属性。两项任务目标都是训练一个模型，使目标变量预测值与实际值之间的误差达到最小。

例如，给定一条数据，如何让机器分辨这是好瓜还是坏瓜呢。

挑西瓜的主要规则如下：

（色泽=青绿，根蒂=蜷缩，敲声=浊响）<==>好瓜

（色泽=乌黑，根蒂=蜷缩，敲声=浊响）<==>好瓜

（色泽=青绿，根蒂=硬挺，敲声=清脆）<==>坏瓜

（色泽=乌黑，根蒂=稍蜷，敲声=沉闷）<==>坏瓜

用一组挑西瓜的数据来训练数据集，运用分类算法建立分辨好瓜、坏瓜的分类模型，就可以去西瓜摊买到好瓜。

分类分析算法有决策树方法、K-最近邻算法、贝叶斯算法等。其中，决策树方法是一种常用的分类方法，它是在已知各种情况发生概率的基础上，通过构成决策树来求取净现值的期望值大于或等于零的概率，进而评估项目风险，判断其可行性的决策分析方法。

（三）聚类分析

将一群物理对象或抽象对象划分成相似的类的过程就是聚类分析。类簇是数据对象的集合。在类簇中，所有的对象都彼此相似，而类簇与类簇之间的对象是不同的。聚类分析除了可以用于数据分割，还可以用于离群点检测。所谓的离群点，指的是与普通点相对应的异常点，而这些异常点往往值得注意。

聚类与分类的区别：聚类是无监督学习，指事先没有标签而通过某种成团分析找出事物之间存在聚集性原因的过程；分类是有监督学习，是先按照某种标准给对象贴标签，再根据标签来区分归类的。

例如，一个班级有 30 个学生，每个学生拍摄 10 张不同的照片，将这 300 张照片打乱，聚类就是在不告诉机器任何学生信息的情况下，仅凭对 300 张照片的学习，把它分成 10 类。如果班级里的 30 个学生各有 10 张不同的照片，并在每张照片上面写了该学生的名字，机器对这 300 张照片和照片上的名字进行学习，形成一个包含 10 个类的模型，用该模型来预测未知照片属于哪个类，这就是分类。

聚类分析常用的算法有 K-means 算法、K-medoids 算法、层次聚类分析算法等。

微课视频 32：数据挖掘过程与应用

四、数据挖掘的过程

（一）数据挖掘的主要过程

数据挖掘的主要过程如图 4-5 所示。

分类 ➡ 聚类 ➡ 发现 ➡ 预测 ➡ 检测

图 4-5　数据挖掘的主要过程

分类：根据数据对象的属性和特征建立不同的组来描述数据对象的类别。

聚类：将数据对象集合分成由相似的数据对象组成的多个类。

发现：发现关联规则和序列模式，关联是两种数据对象之间的关系，而序列是数据对象之间在时间或空间上纵向的联系。

预测：从分析数据对象的特征出发，预测数据对象的发展趋势。

检测：进行偏差检测，对于极少数特例，详细分析数据对象异常的内在原因。

（二）跨行业数据挖掘标准流程

跨行业数据挖掘标准流程的英文全称是 Cross Industry Standard Process for Data Mining，简称为 CRISP-DM，是当今数据挖掘界通用的流行标准之一。它强调数据挖掘技术在商业中的应用，是用以管理并指导数据挖掘工作人员有效、准确地开展数据挖掘工作，以期获得最佳挖掘成果的一系列工作步骤的标准规范。CRISP-DM 模型的基本步骤如图 4-6 所示。

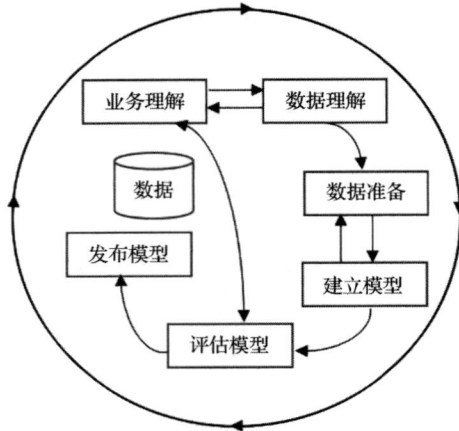

图 4-6　CRISP-DM 模型的基本步骤

CRISP-DM 模型包括以下几个基本步骤。

1. 业务理解

该步骤包括四个方面的内容：详细分析业务需求；准确定义问题的范围；准确定义计算模型所需使用的度量；准确定义数据挖掘项目的具体目标，并拟订完成目标的初步计划。

2. 数据理解

该步骤的核心任务是判断数据质量，具体包括熟悉数据的含义和特性，过滤、整理出适合分析的数据，进而评估数据质量，找出影响力最大的数据，发现数据之间隐含的相关性。

3. 数据准备

该步骤包括从收集数据到构建数据集的一系列工作。该步骤有可能需要反复进行，主要是为了对各种不同来源的数据进行清洗和整理分类，使数据达到供给数据挖掘工具使用的要求。

4. 建立模型

该步骤是对数据准备步骤中预处理过的数据采用相关数据挖掘技术，建立不同的分析模型。由于同一个问题可能有多种解决方案，即有多种适用的分析技术，但不同的技术对数据的要求不同，因此反馈到数据准备步骤就需要反复进行并提供合适的数据格式。

5. 评估模型

评估模型的工作重点是检验模型的性能，以确保达到业务要求。在此步骤中，需要在不同的配置中建立多个模型，然后逐个进行测试，对比结果找出最优解。

6. 发布模型

模型构建完成并不代表任务结束。用户需要通过部署和运行模型，从大量数据中获取知识，而且获取的知识要能够方便用户重新组织和观察数据。

五、数据挖掘的应用

数据挖掘的应用非常广泛，只要该产业有分析价值与需求的数据库，皆可利用数据挖掘工具进行有目的的挖掘分析。数据挖掘的基础是数据，所以数据挖掘应用做得好的领域肯定是信息化程度高的领域，常见的应用案例多发生在互联网行业、金融业、零售业、通信行业、医疗服务行业及先进制造业等。

（一）互联网行业

互联网用户的每个操作步骤都是有痕迹的，即有数据记录。推荐系统就是现在最成功的数据挖掘应用，如电商的广告推荐、媒体的新闻推荐、客户管理等。

（二）金融业

金融业很早就开始使用数据库来存储业务数据，如信用评估、异常交易识别、贷款风险管理等都用到了数据挖掘技术。保险公司通过数据挖掘建立预测模型，辨别出可能的欺诈行为，避免道德风险，减少成本，提高利润。

（三）零售业

零售业应用数据挖掘最广为流传的案例是"啤酒和纸尿裤"的故事。当时，沃尔玛的工作人员使用数挖掘技术做了订单分析、客户忠诚度分析等，得出啤酒和纸尿裤的销售量是同时增长的结论。

（四）通信行业

客户流失分析、营销响应分析、客户细分都是数据挖掘在通信行业的应用。

（五）医疗服务行业

对海量的医学信息进行数据挖掘，以智能的方法来处理和分析科学实验或临床研究数据，从而为疾病的诊断和治疗提供科学合理的依据，为医院的决策管理、医疗和科研服务。

（六）制造业

在制造业中，半导体的生产和测试过程中都产生大量的数据，通过对这些数据进行分析挖掘，可找出存在的问题，以提高半导体的质量。

知识链接：10个有趣的"大数据"经典数据挖掘案例

学习感悟

数据挖掘其实就是从大量数据中找出对人们有用的信息的过程。数据挖掘的应用非常广泛，一些公司成功运用数据挖掘的案例显示了数据挖掘的强大生命力。数据挖掘技术对当今社会的发展有着不可替代的作用。要探究数据挖掘，就要熟悉常用的数据挖掘技术和数据挖掘的基本流程，学会搜集身边的数据，对数据进行多角度加工与分析，找到规律或有用的信息，用恰当的方式直观地表达出来，用数据说话，让数据挖掘更好地服务于生活与学习，这样我们才能不断地提高数据挖掘技术的质量和效率。

任务实训

1. 在线测试：探究大数据挖掘。

2. 根据所学数据挖掘知识，阐述沃尔玛针对数据库中的数据经过了怎样的数据挖掘过程，才得到纸尿裤与啤酒这两个风马牛不相及的商品变成一个有价值的信息的。

3. 上网搜索有关数据挖掘的应用实例，进一步理解数据挖掘的概念，熟悉数据挖掘的过程，分析和应用数据挖掘。

任务评价

评价类目	评价内容及标准	分值	自己评分	小组评分	教师评分
学习态度	✓ 全勤（5分） ✓ 遵守课堂纪律（5分）	10分			
学习过程	➤ 能够说出本任务的学习目标，上课积极回答问题（5分） ➤ 能够正确理解数据挖掘的概念并回答相关问题（5分） ➤ 能够理解和回答常用的数据挖掘技术（5分） ➤ 能够理解和回答数据挖掘过程（5分）	20分			

续表

评价类目	评价内容及标准	分值	自己评分	小组评分	教师评分
学习结果	◆ "在线测试"选择题和判断题的考评（3分×10=30分） ◆ 够够针对啤酒与纸尿裤数据挖掘过程分析的考评（20分） ◆ 够够数据挖掘应用案例分析的考评（20分）	70分			
合 计		100分			
所占比例		—	30%	30%	40%
综合评分					

项目总结

通过本项目，学生应该掌握的理论知识如下。

（1）数据分析、数据挖掘、大数据分析的概念。

（2）数据分析的作用，数据分析、数据挖掘、大数据分析的方法。

（3）数据分析思维模式、数据挖掘过程。

（4）常见的大数据分析模型和大数据分析工具。

通过本项目，学生应该掌握的技能如下。

（1）能根据数据分析目标选定数据分析方法。

（2）能够描述数据挖掘过程，分析数据挖掘应用。

（3）能运用常见的大数据分析方法、工具和模型分析问题。

复习与巩固

1．数据分析的作用有哪些？请举例说明。

2．常见的数据分析思维模式有哪些？定量思维和定性思维有什么不同？

3．举例说明数据挖掘中的关联分析法。

4．分类分析和聚类分析有什么不同？

5．描述数据挖掘的过程。

6．有哪些常用的大数据分析模型？

7．从"手机""笔记本电脑""新能源汽车""台灯""电动剃须刀"五个商品关键词中任选一个商品关键词，利用百度指数对应商品的趋势、需求图谱、人群画像进行分析。

项目 五

数据可视化

　　大数据时代，人们面对海量数据，有时会显得无所适从。一方面，数据复杂多样，各种不同类型的数据大量涌来，远远超出了人们的常规处理能力，在阅读和理解上会花掉大量时间。另一方面，人的大脑无法短时间从堆积如山的数据中发现核心问题，需要用一种高效的方式来刻画和呈现数据所反映的本质问题。能否将数据以直观、生动、易理解的方式呈现给用户呢？这就是本项目要学习的内容——数据可视化。

　　本项目将带领你理解数据可视化的基本概念和作用，掌握数据可视化的方法和工具，熟悉常见的可视化图表类型，学会使用商业智能（Business Intelligence，BI）可视化工具进行数据可视化展示。

学习目标

知识目标	1. 理解数据可视化的基本概念和作用； 2. 掌握常见的可视化图表类型； 3. 掌握数据可视化的流程； 4. 了解数据可视化的工具，熟悉 BI 可视化工具的使用
能力目标	1. 能够根据数据分析的目的和要求选择合适的可视化图表； 2. 能使用 Excel 中的可视化图表进行常用数据可视化操作； 3. 能够利用 BI 可视化工具进行简单可视化仪表板的制作
素质目标	1. 养成对大数据进行可视化分析的职业习惯； 2. 养成数据可视化的美学素养； 3. 养成良好的数据分析思维
思政目标	通过大数据可视化分析及疫情防控、智慧医疗、智慧工厂、智慧军工等可视化应用场景案例的展示，既让学生理解大数据可视化是便于对大数据进行直观理解和分析的手段，又可以培养学生的社会责任感和爱国主义情怀。通过对 BI 可视化工具的介绍和应用，以及数据可视化中的疑难点处理，使学生明白灵活运用数据思维在实际工作中的重要性，并培养学生的创新精神

思维导图

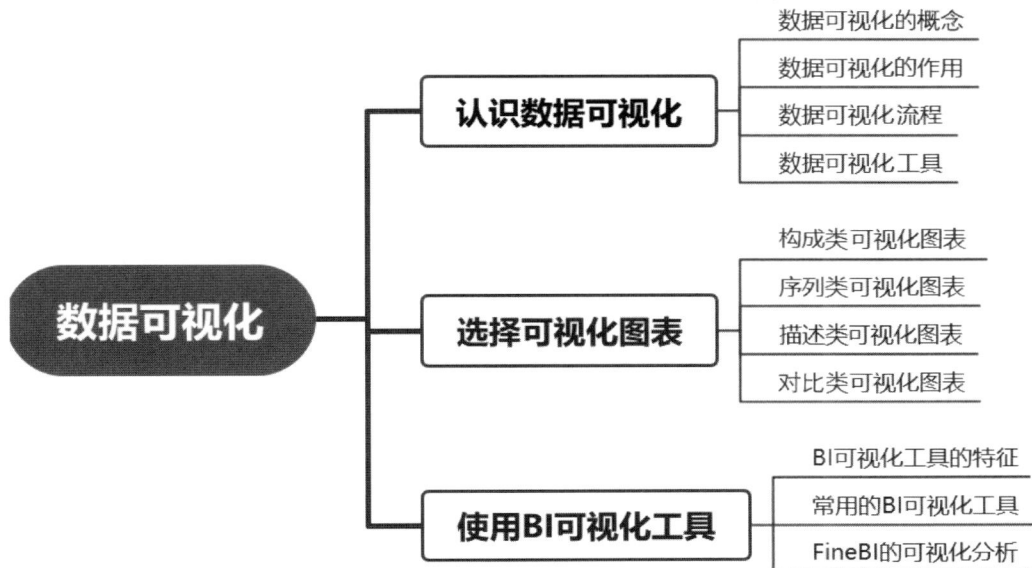

任务一 认识数据可视化

任务清单

工作任务	认识数据可视化	教学模式	任务驱动
建议学时	2 课时	教学地点	多媒体教室
任务描述	小王在大学毕业后应聘到一家销售童鞋的电商公司,担任公司的运营助理,主要协助运营主管做一些数据分析类工作;随着公司国内市场及海外市场客户群体的不断壮大,以及公司经营品类的增多,公司的数据无论从数量空间还是维度层次上都日益繁杂。面对大量数据,如何才能从中甄选出有效信息,使分析数据更高效、更直观地展示,辅助公司的经营决策呢?小王想学习数据可视化,通过数据可视化来表达和呈现数据		
任务目标	<ul><li>理解数据可视化的概念;</li><li>熟悉数据可视化的作用;</li><li>掌握数据可视化的流程;</li><li>熟悉常用的数据可视化工具;</li><li>能根据需求制定可视化流程;</li><li>能根据自身实际和应用要求选用可视化工具</li></ul>		

续表

任务目标	● 具备良好的数据分析思维； ● 具备良好的数据可视化的职业素养
关键词	数据可视化、可视化作用、可视化流程、可视化工具

知识必备

一、数据可视化的概念

微课视频 33：数据可视化的概念、作用

在生活和工作中，一张图片所传递的信息往往比文字更直观、更清楚。所谓"字不如表、表不如图"，图表的重要性可见一斑。在统计分析产品、用户画像等数据产品上，都需要具备优秀的数据可视化能力。根据科学研究，人类从外界获取的信息有 83%来自视觉，11%来自听觉，6%来自其他，因此，在保证信息传递的基础上寻求美感，是非常重要的，数据可视化既是一门科学，又是一门艺术。现在常见的"一图看懂 XXX"等信息交流方式，就是用图表来传递信息的，是典型的数据可视化成果。那么，什么叫数据可视化呢？

数据可视化是指通过图形、图表及动画等手段直观、生动、形象地展示数据的形式。它经历了图形符号、数据图形、多维信息的可视编码、多维统计图形及交互可视化等阶段。数据可视化的目的在于借助图形化的手段，清晰有效地传达与沟通信息，使人们能够以更直观的方式从不同的维度观察数据及其结构关系，发现数据中隐含的信息。

二、数据可视化的作用

在大数据时代，数据容量和复杂性的不断增加限制了人们从大数据中直接获取知识。随着人们对可视化的需求越来越大，依靠可视化手段进行数据分析必将成为大数据分析流程的主要环节之一。让"茫茫数据"以可视化的方式呈现，让枯燥的数据以简单友好的图表形式展现出来，可以让数据变得更加通俗易懂，有助于人们更加方便快捷地理解数据的深层次含义，有效参与复杂的数据分析过程，提升数据分析效率，改善数据分析效果。

在大数据时代，可视化技术可以支持实现多种不同的目标。

（一）传递更多信息，便于理解数据

通过数据可视化，既可以传递更多的信息，又可以帮助人们更快、更准确地理解数据的深层含义。例如，要描述最近一年公司的收入情况，那就需要说明每个月的收入是多少元，同比、环比增幅是多少，收入最多、最少的是哪个月，同比、环比增幅最低、最高的是哪个月等，而用图表表示则只需要一个柱状图和折线图的组合图表，就能准确表达以上信息。图 5-1 所示为某公司最近一年的收入情况。通过图 5-1，我们能够一眼看出哪个月的

收入最高，而不用将每个数字放到大脑中比较，半天都得不出结果。

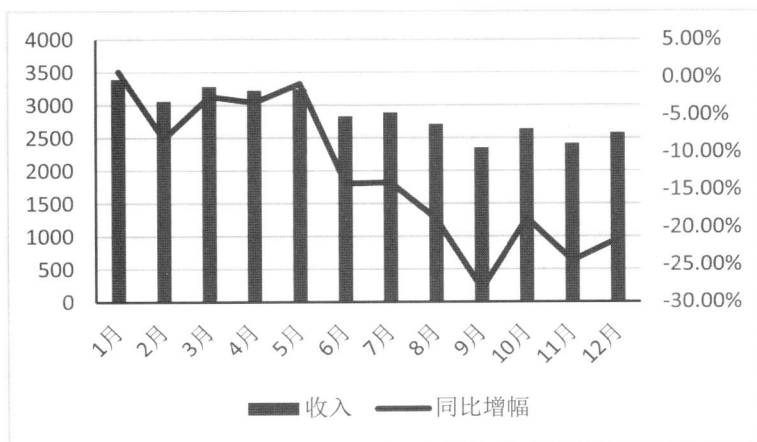

图 5-1 某公司最近一年的收入情况

（二）能有效观测、跟踪动态数据

大数据时代，许多实际应用中的数据量已经远远超出人类大脑可以理解及消化吸收的能力范围，对于处于不断变化中的多个参数，如果还是以枯燥的数值形式呈现，人们必将茫然无措。利用变化的数据生成实时变化的可视化图表，可以让人们一眼看出各种参数的动态变化过程，有效地跟踪各种参数。例如，某车间作业实时看板（见图 5-2）提供的实时播报服务，可以即时查询车间当日各个产品的生产进度、设备运行情况、物料使用情况等。

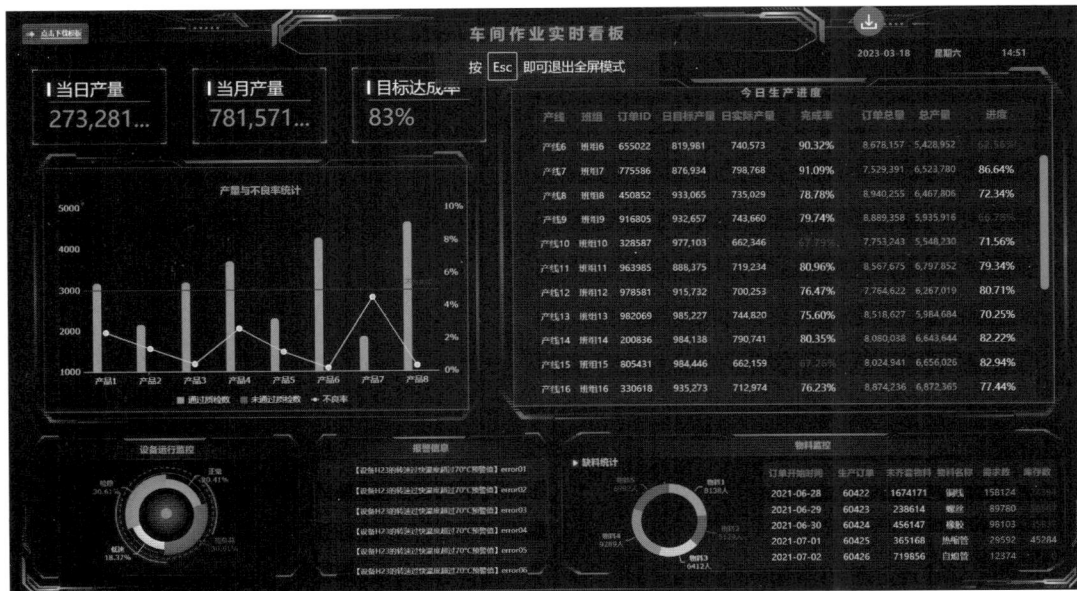

图 5-2 某车间作业实时看板

（三）能辅助分析数据

利用可视化技术，实时呈现当前分析结果，引导用户参与分析过程，根据用户反馈信息执行后续分析操作，完成用户与分析算法的全程交互，实现数据分析算法与用户领域知识的完美结合。一个典型的可视化分析过程如图 5-3 所示。首先，数据被转化为图像呈现给用户。接着，用户通过视觉系统进行观察分析，同时结合自己的领域知识，对可视化图像进行认知，从而理解和分析数据的内涵与特征。然后，用户根据分析结果，通过改变可视化程序系统的设置，交互式地改变输出的可视化图像，从而根据自己的需求从不同角度对数据进行理解。

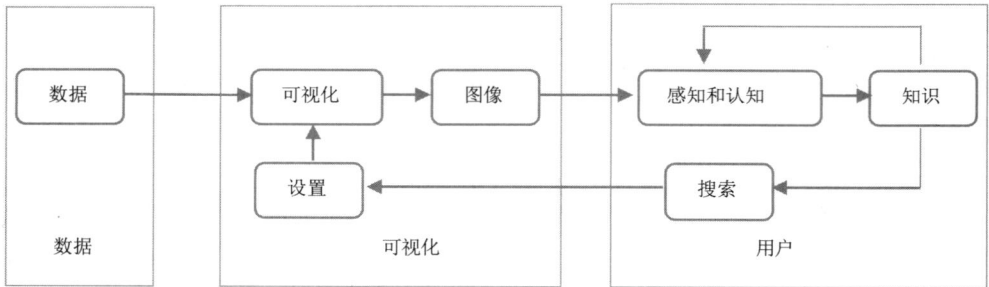

图 5-3　一个典型的可视化分析过程

（四）能增强数据吸引力

枯燥的数据被制作成具有强大视觉冲击力和说服力的图像，可以大大增强读者的阅读兴趣。可视化的图表新闻（见图 5-4）就是一个非常受欢迎的应用。在海量的新闻信息面前，读者的时间和精力显得有些捉襟见肘。单调保守的传统讲述方式已经不能引起读者的兴趣，需要更加直观、高效的信息呈现方式。因此，现在的新闻播报越来越多地使用数据图表，动态、立体化地呈现报道内容，让读者对内容一目了然，能够在短时间内迅速消化和吸收，大大提高了理解知识的效率。

总之，数据可视化可用于数据大屏、数据产品、数据新闻、数据分析、决策支持等多种场景。根据用户人群和展示目的的不同，数据可视化的应用场景可分为三类：大屏展示、数据信息传播和数据分析展现。数据可视化大屏展示通常应用于实时监控、监测、调度、指挥等场景，其特点是可视化效果随实时数据变化而动态变化，有较强的视觉冲击效果。数据信息传播通常应用于信息宣传或播报等，可选用数据大屏展示，也可选用图片或视频展示，其特点是数据展示角度需要具有话题性、生动性、时效性，受众较广。数据分析展现更偏向于数据分析，其特点是交互性强，可供用户通过数据下钻、维度关联等操作实现自助式数据探索，通常用于汇报展示、分析研判和决策支持。

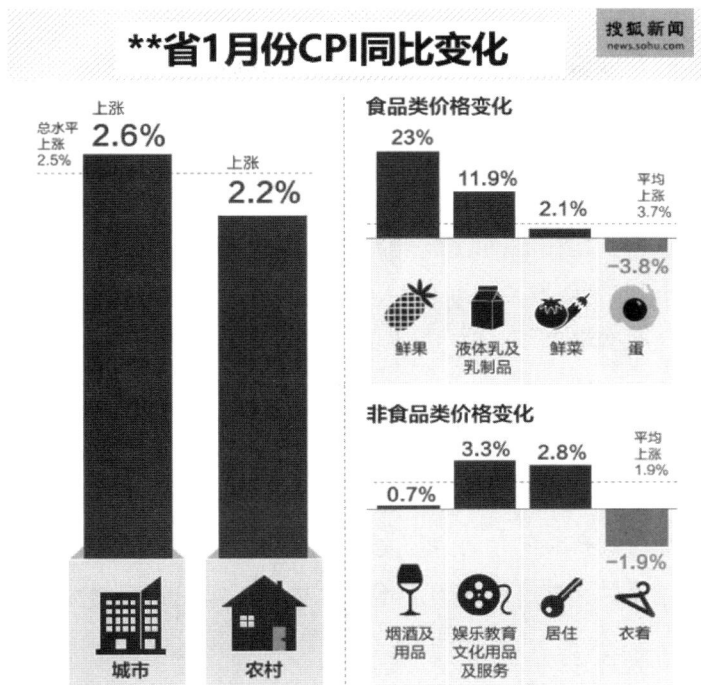

图 5-4　可视化的图表新闻

想一想:

你了解的生活中可以用于大数据可视化分析的情形有哪些？

知识链接：数据可视化的应用场景展示

微课视频 34：数据可视化流程与工具

三、数据可视化流程

知道了数据可视化的作用，那么如何进行数据可视化呢？对数据进行可视化处理时，一般要按照以下步骤进行。

（一）明确数据可视化的需求，寻找数据背后的故事

在开始创建一个数据可视化项目时，需要明确数据可视化的需求是什么。先思考这样一个问题：这个可视化项目会给用户提供哪些帮助？这个问题可以帮助用户避免在进行数据可视化时把一些不相干的数据放在一起比较。

在确定了可视化项目的目标之后，经过整理、分组与理解信息，寻找其中可视化的可

能性。同时，通过观察与比较来总结信息之间的关系，建立基本的数据关系结构，思考如何利用含义清晰的视觉元素将这些数据包装成更加有趣的故事。

（二）为数据选择正确的可视化图表类型

在确定需求之后，为数据选择一个正确的可视化图表类型。它可以是饼图、线图、流程图、散点图、面积图、地图、网络图等，这取决于手头的数据是什么样的。在做图表选择时，需要考虑以下几个问题。

（1）试图绘制什么变量？

（2）X 轴和 Y 轴代表什么？

（3）数据点的大小有什么含义吗？

（4）颜色有什么含义吗？

（5）试图确定与时间有关的趋势，还是变量之间的关系？

不同类型的数据有其最适合的图表类型，如果使用错误的图表类型去展现，很容易造成误解。

（三）确定最关键的信息指标，给予场景联系

高效的数据可视化不仅取决于信息的可视化类型，还取决于一种平衡，即既要保证总体信息的通俗易懂，又要在某些关键点上有所突出，提供深刻甚至独特的信息解读。此外，还需要提供合适的场景来进行上下文的联系，从而合理地架构数据。

（四）为内容而设计，优化展现形式

故事再好、数据再有吸引力，如果设计得很糟糕，那么用户也不会被其吸引。优秀的设计同样关键，这样可以高效地对信息进行转换，通过使用颜色、大小、比率、形状、标签将用户的注意力引向关键信息，利用精美的视觉效果来吸引用户进行阅读。数据可视化设计是为内容而设计、优化展现形式的，这需要做到以下几点。

（1）一致性：所有相关元素应该在视觉上保持一致，如可视化图表上的数据标签，其字体大小一致，颜色一致。

（2）清晰：逻辑结构清晰，用户可以方便地找到感兴趣的内容。

（3）具有愉悦性：设计内容在视觉上应该富有吸引力，同时反映出基调和主观态度，让用户在阅读时能保持比较轻松的心情。

（4）遵循品牌内部的设计语言：在传达重点、宣传方式上要因地制宜，需要考虑公司内部、品牌内部的设计语言，保持品牌内部设计风格的一致性。

四、数据可视化工具

明确了数据可视化流程后，接下来就是数据可视化的具体实现。数据可视化主要通过非编程的数据可视化工具和编程的数据可视化工具两种方式来实现。数据可视化工具有很多，下面针对目前国内主流的数据可视化工具进行介绍。

（一）非编程的数据可视化工具

非编程的数据可视化工具主要有 Excel、Power BI、FineBI、Tableau、DataV、腾讯云图、Google Chart 等。其中，Excel 是一个入门级的数据可视化工具，也是使用非常广泛的数据可视化工具，其包含所有常用的可视化图表。Power BI 是 Microsoft 推出的数据分析和数据可视化工具，是软件服务、应用和连接器的集合，它们协同工作以将相关数据来源转换为连贯的视觉逼真的交互式见解。FineBI 来自帆软公司，是一款简洁明了的数据可视化工具，优点是零代码可视化、简单易做、可视化图表丰富，能实现平台展示。Tableau 是一款数据分析软件，具有简易的操作性，用于通过手动拖曳数据域就可以生成相应的图表。DataV、腾讯云图、Google Chart 分别是由阿里、腾讯、Google 平台提供的数据可视化工具。

（二）编程的数据可视化工具

主流的编程的数据可视化工具包括以下三种类型：从艺术的角度创作的数据可视化，比较典型的工具是 Processing，它是为艺术家提供的编程语言；从统计和数据处理的角度既可以做数据分析，又可以做图形处理的数据可视化工具，如 Python、SAS；介于两者之间的数据可视化工具，它既要兼顾数据处理，又要兼顾展现效果，如 D3.js、Echarts 都是很不错的选择，二者是基于 Java 的数据可视化工具，更适合在互联网上互动地展示数据。

▍学习感悟

大数据可视化的目标是展示信息，便于对数据进行直观的理解和分析。他山之石可以攻玉，手段服务目的。如果用户没有目的，仅仅是看一看，那么数据可视化是没有价值的。没有任何目标的图形可视化，与直接陈列数据的表格是一样的。因此，在开始创建一个数据可视化项目时，必须明确数据可视化的需求。数据可视化的方法有很多，新的工具和图表类型也不断出现，每种都试图创造出比之前更有吸引力、更有利于传播信息的图表。无论选用哪一种方法、哪一种工具，都要记住以下原则：初心不改，信息可视！可视化应该总结关键信息使之更清晰、更直白，而不应该令人困惑，或者用大量的信息让读者的大脑超载。

任务实训

1. 在线测试：认识数据可视化。

2. 简述数据可视化的作用，并举例说明。

3. 上网搜索一个经典的可视化图表设计案例，分析和描述其设计思路，扩展可视化图表的设计思路。

任务评价

评价类目	评价内容及标准	分值	自己评分	小组评分	教师评分
学习态度	✓ 全勤（5分） ✓ 遵守课堂纪律（5分）	10分			
学习过程	➤ 能够说出本任务的学习目标，上课积极回答问题（5分） ➤ 能够回答数据可视化的概念和作用（5分） ➤ 能够理解和回答数据可视化的流程等相关问题（5分） ➤ 能够回答常用的数据可视化工具（5分）	20分			
学习结果	◆ "在线测试"选择题和判断题考评（3分×10=30分） ◆ 举例分析数据可视化作用的考评（20分） ◆ 搜索案例，描述可视化图表设计思路的考评（20分）	70分			
合　　计		100分			
所占比例		—	30%	30%	40%
综合评分					

任务二　选择可视化图表

任务清单

工作任务	选择可视化图表	教学模式	任务驱动
建议学时	2课时	教学地点	一体化教室
任务描述	小王通过学习数据可视化的基本知识，掌握数据可视化的基本流程后，准备对每天的工作数据进行可视化呈现。例如，他想把某商品的热门关键词通过可视化图表的方式直观地显示出来；他还想可视化呈现店铺的销售趋势变化、店铺流量来源结构、店铺客户基本情况等。然而，当小王进行可视化操作时，面对众多的可视化图表，他在选择上犯难了。他应如何选择合适的可视化图表呢		

续表

任务目标	• 掌握构成类可视化图表的类型、特点、应用场景； • 掌握序列类可视化图表的类型、特点、应用场景； • 掌握描述类可视化图表的类型、特点、应用场景； • 掌握对比类可视化图表的类型、特点、应用场景； • 能根据分析数据的类型和意义选用合适的可视化图表类型； • 能利用可视化入门级工具 Excel 进行可视化图表选择和操作； • 养成根据信息表达目标选择最佳可视化图表的意识
关键词	构成类图表、序列类图表、描述类图表、对比类图表

知识必备

随着大数据的发展，可视化图表的类型也变得越来越丰富，按照
视觉形态来划分，可视化图表可以分为静态类型和动态类型，其中静
态类型以信息图表为代表，动态类型可按照交互操作分为短视频与交
互图表两类。根据各类图表的功能作用，用户可以选择不同的图表或
图表组合方式来准确、恰当地传递信息。本任务主要介绍常见的静态可视化图表，并按照
各类图表适合的应用场景，把常用的静态可视化图表分为构成类可视化图表、序列类可视
化图表、描述类可视化图表和对比类可视化图表。

微课视频 35：构成
类可视化图表

一、构成类可视化图表

构成类可视化图表是通过不同的面积大小、长短等反映事物的结构、组成等比例关系，
从而让人们知道什么是主要的，什么是次要的。常见图表为饼图、玫瑰图、旭日图、堆积
图、瀑布图等。根据具体的应用场景，又分成三个小类，如表 5-1 所示。

表 5-1 构成类的可视化图表

分类	图表名	适合场景
占比构成	饼图	展示某一维度下不同数值的占比情况
	玫瑰图	展示某一维度下两个指标字段的占比情况
	旭日图	展示事物组成部分下一层次的构成情况
多类别下的部分到整体	堆积图	展示多个维度下某一维度不同数值的部分和整体情况
各成分分布情况	瀑布图	表达最后一个数据点的数据演变过程

（一）占比构成

1. 饼图

饼图是将一个圆饼分为若干份，用于反映事物的构成情况，显示各个项目的大小或比例。用户可通过饼图很直观地看到每一个部分在整体中所占的比例。在不要求数据精细的情况下可以使用饼图。在实际应用中，饼图分为普通饼图（见图 5-5）、环形饼图（见图 5-6），很多软件还可以选择三维饼图、子母饼图等。

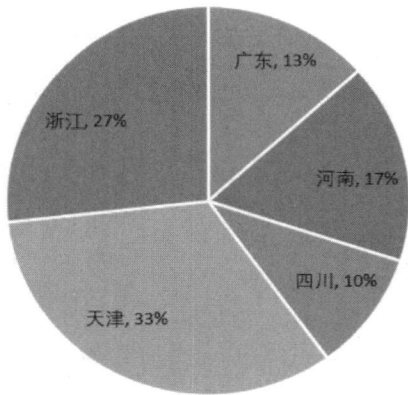

图 5-5　普通饼图　　　　　　　　　图 5-6　环形饼图

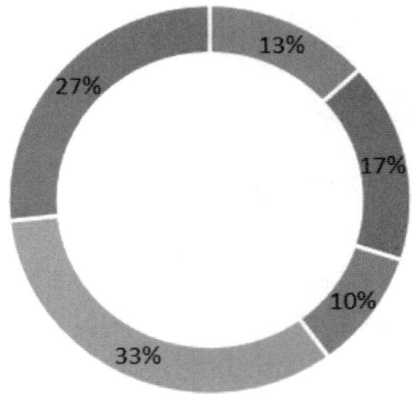

饼图的优点是明确显示数据的比例情况；缺点是不适合较大的数据集（分类）展现，当比例接近时，人眼很难准确判别。

2. 玫瑰图

玫瑰图通过扇形的面积和半径显示数据的占比情况，可以展示每个数值相对于总数值的大小、数据在某个时间段的变化，适合突出显示不同分类的大小差异，如图 5-7 所示。

3. 旭日图

旭日图也称为太阳图，有多个圆环，可以直观地展示事物组成部分下一层次的构成情况。旭日图中每个级别的数据通过一个圆环表示，离原点越近代表圆环级别越高，最内层的圆表示层次结构的顶级，然后一层一层去看数据的占比情况。越往外，级别越低，且分类越细，如图 5-8 所示。

（二）多类别下的部分到整体

堆积柱形图将每根柱子进行分割，可以显示大类目下的细分类目占比情况。它既可以直观地看出每个指标的值，又能够反映出维度总和。例如，在展示某企业各销售类目库存与销量的占比情况时，每个系列按照所占的百分比进行堆积，这样就能直观地看出每个系列所占的比重，如图 5-9 所示。

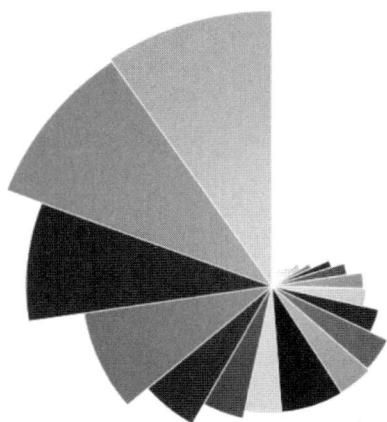

图 5-7 玫瑰图

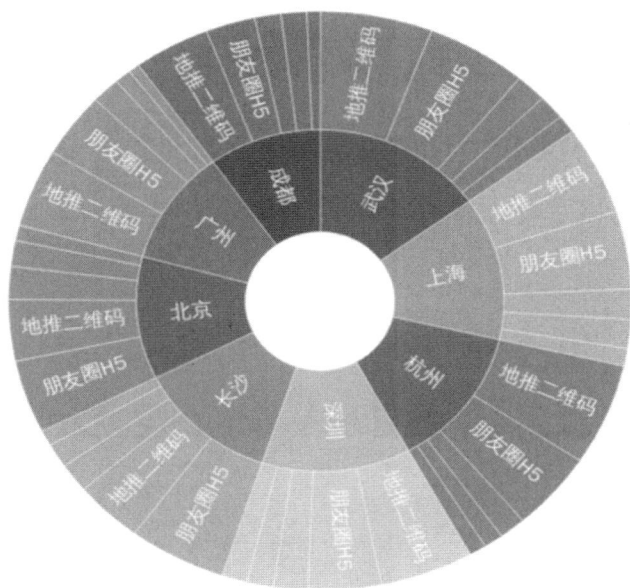

图 5-8 旭日图

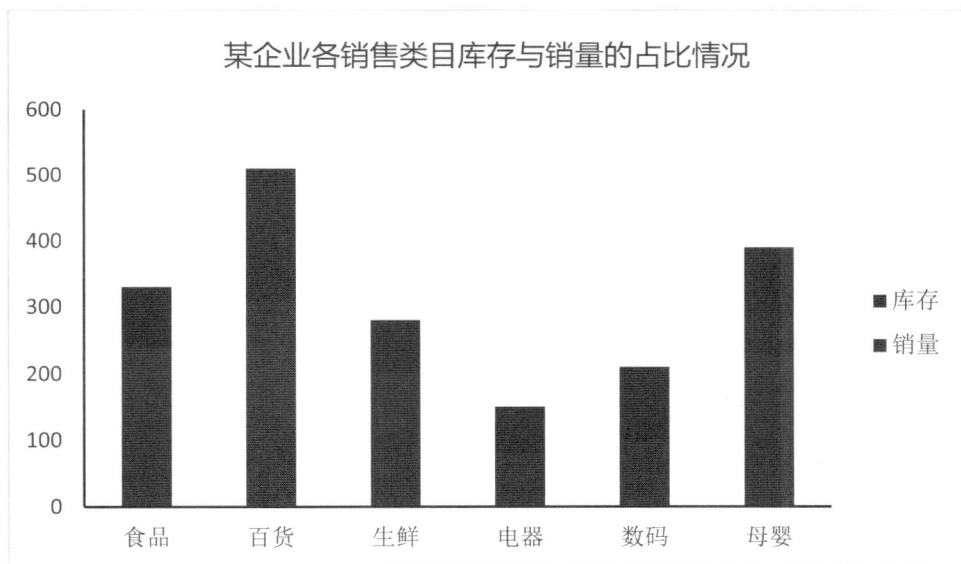

图 5-9 堆积柱形图

（三）各成分分布情况

瀑布图采用绝对值和相对值相结合的方式来表达特定数值之间的数量变化关系，最终展现一个累计值，如图 5-10 所示。瀑布图能够反映事物从开始到结束经历了哪些过程，用于分解问题的原因或事物的构成因素。例如，要表现本月收入是如何在上月收入的基础上变化的，就可以通过瀑布图分解每个收入组成部分所做的贡献，找出哪一个组成部分提高了收入，哪一个组成部分降低了收入。

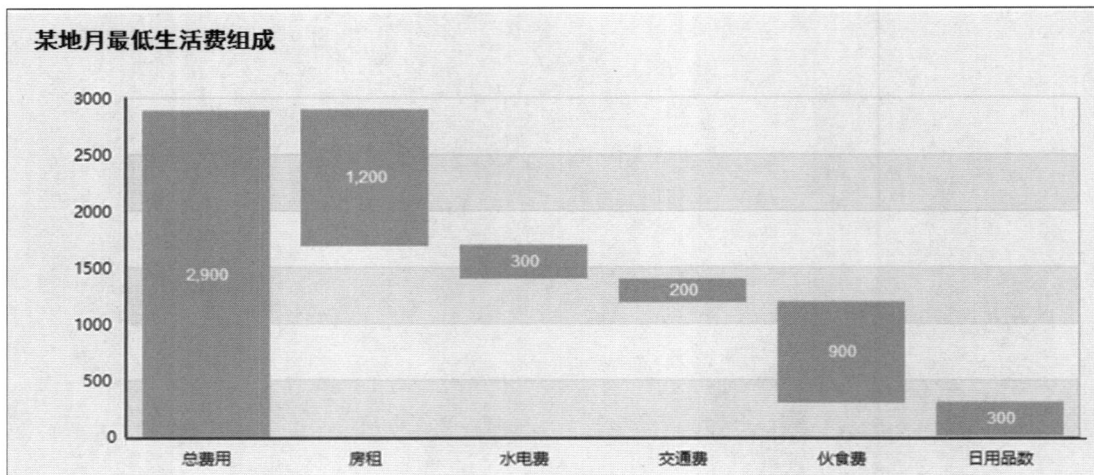

图 5-10　瀑布图

二、序列类可视化图表

序列类可视化图表是通过图表来反映事物的发展趋势，让人们一眼就能看清趋势或走向。常见的随时间变化的序列类可视化图表有柱形图、折线图、面积图、漏斗图等，如表 5-2 所示。

微课视频 36：序列类可视化图表

表 5-2　序列类可视化图表

分类	图表名	适合场景
连续有序类别的数据波动（趋势）	柱形图、折线图、面积图	常用于随着时间变化的数据，折线图和面积图可以展示多个维度的变化数据
各阶段递减过程	漏斗图	将数据自上而下分成几个阶段，每个阶段数据都是整体的一部分

（一）连续有序类别的数据波动趋势

柱形图是以宽度相等的条形高度的差异来显示统计指标数值大小的一种图形。图 5-11 所示为反映销售额变化趋势的柱形图。按照时间绘制柱形图，可以反映事物的变化趋势，如某个指标最近一段时间的变化趋势。

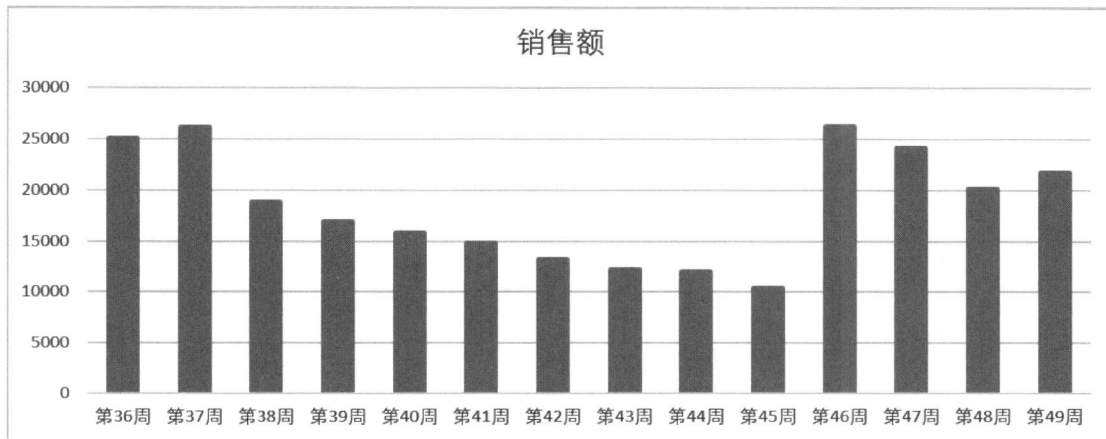

图 5-11　反映销售额变化趋势的柱形图

折线图是点和线连在一起的图表，可以反映事物的发展趋势和分布情况，如图 5-12 所示。与柱形图相比，折线图更适合展现增幅、增长值，但不适合展现绝对值。

图 5-12　折线图

面积图是通过在折线图下阴影面积的大小来反映事物的发展趋势和分布情况的。面积图可用来展示持续性数据，可以很好地表示趋势、累积、减少等变化，如图 5-13 所示。

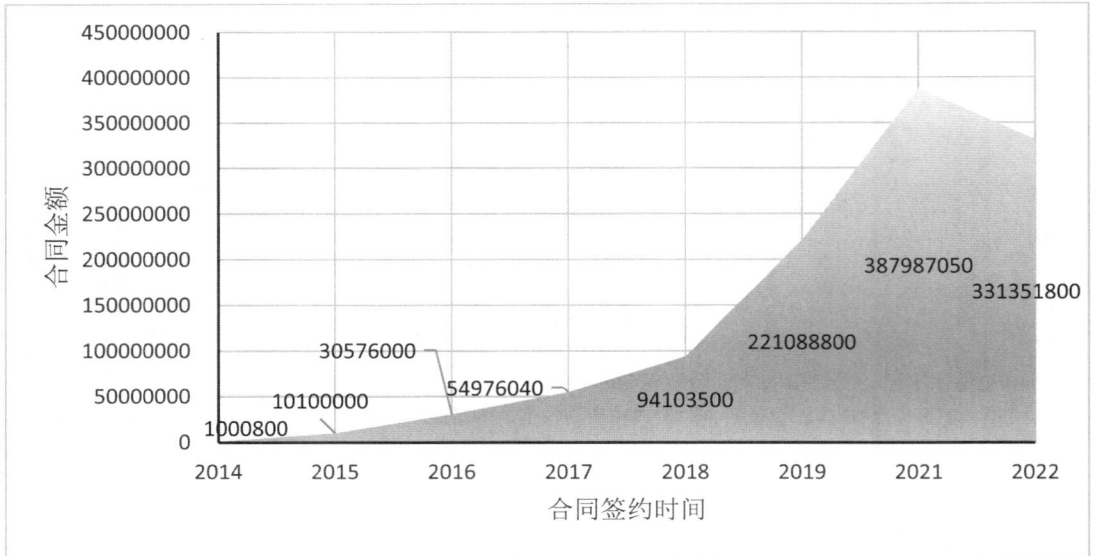

图 5-13　面积图

（二）各阶段递减过程

漏斗图是通过图表来反映工作流程各个环节的关系，将数据自上而下分成几个阶段，每个阶段的数据都是上一个阶段的一部分，可以帮助管理者了解实际工作活动，消除工作过程中多余的工作环节，合并同类活动，使工作过程更加经济、合理和简便，从而提高工作效率，如图 5-14 所示。

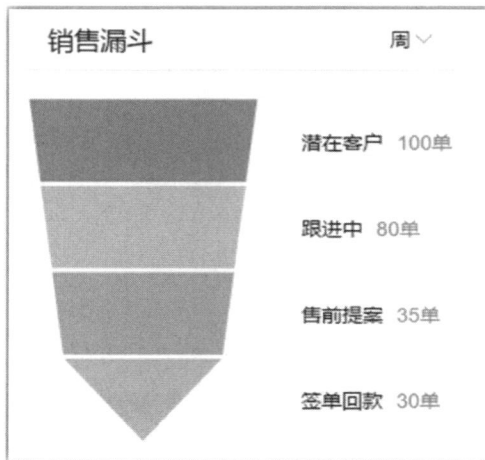

图 5-14　漏斗图

三、描述类可视化图表

描述类可视化图表通过图表来描述反映事物的关键指标、分组差异、

微课视频 37：描述类可视化图表

分布特征、不同维度间的关系等，常见的有卡片图、柱形图、散点图、气泡图、关系图等，如表 5-3 所示。

表 5-3　描述类可视化图表

分类	图表名	适合场景
描述关键指标	卡片图	突出显示关键数据
描述数据分组差异	柱形图	将数据根据差异进行分类显示
描述数据相关性	散点图、气泡图	识别变量之间的相互关系
描述人或事物之间的关系	关系图	表示人或事物之间关系

（一）描述关键指标

卡片图适合突出显示关键指标，如 KPI；可以直接显示所选字段的数值，如展示销售额、毛利、毛利率等指标数值。卡片图如图 5-15 所示。

合同总金额
877131230

图 5-15　卡片图

（二）描述数据分组差异

如果要将数据组内数据根据差异进行分类描述，可以使用柱形图。图 5-16 所示为描述不同渠道阅读量差异的柱形图。

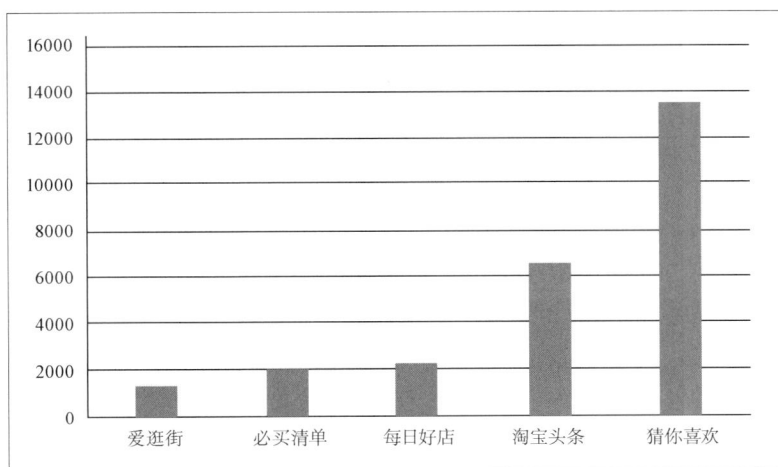

图 5-16　描述不同渠道阅读量差异的柱形图

（三）描述数据相关性

散点图主要反映若干数据系列中各个数据值之间的关系，类似 X 轴、Y 轴，判断两个变量之间是否存在某种关系。图 5-17 所示为身高体重散点图。此外，通过散点图还可以看出极值的分布情况。

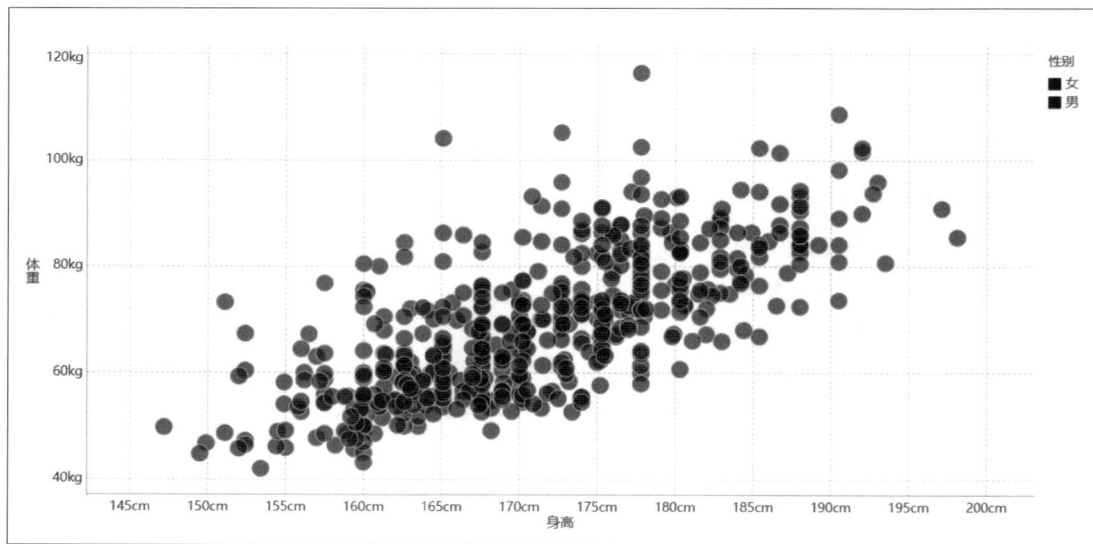

图 5-17　身高体重散点图

气泡图是通过气泡面积大小来表示数值的大小，与散点图相比多了一个维度，如图 5-18 所示。

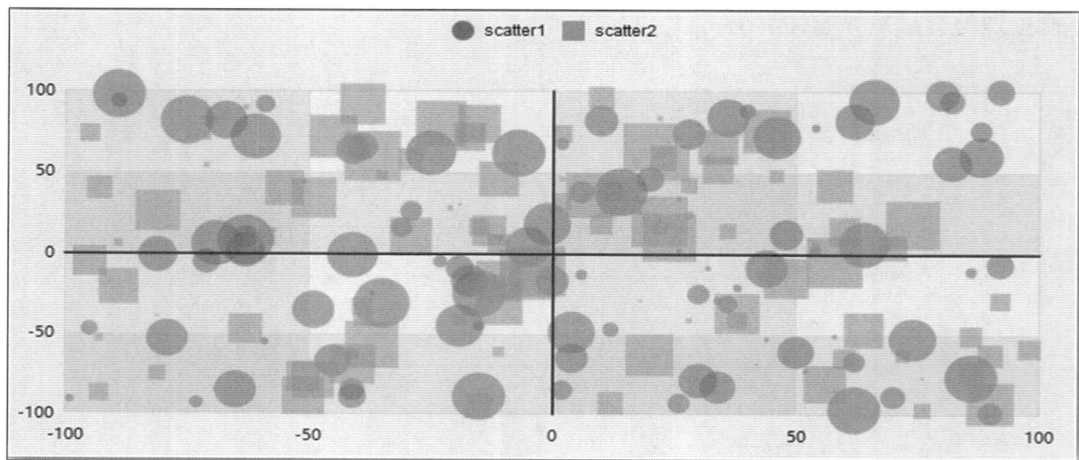

图 5-18　气泡图

（四）描述人或事物之间的关系

关系图是指使用图形和连线表示节点与节点（人物或事物）之间关系的一类图。

图 5-19 所示的关系图展示人物之间的关系，每个节点的颜色表示他们的类型，圆圈大小表示每个人的声望大小，圆圈越大，声望越大。

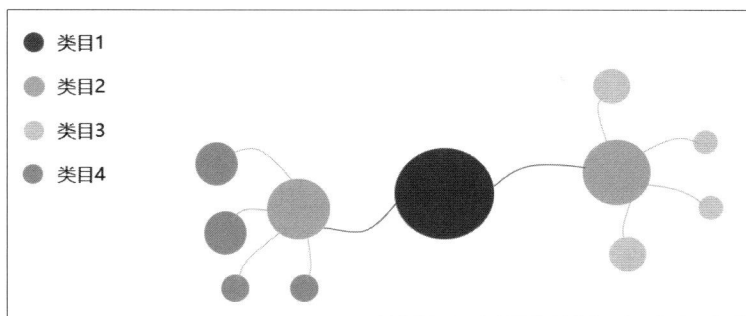

图 5-19　关系图

四、对比类可视化图表

通过对比发现不同事物间的差异和差距，从而总结事物特征，如通过对某两个人进行对比，得出一个更帅，一个更有钱。用于实际值与目标值对比的有仪表图、马表图等，用于项目与项目之间对比的有柱形图、条形图、雷达图、词云图、矩形树图、热力图等，用于地点与地点之间对比的有各类地图。对比类可视化图表如表 5-4 所示。

微课视频 38：对比类可视化图表

表 5-4　对比类可视化图表

分类	图表名	适合场景
实际值与目标值的对比	仪表图、马表图	实际值与目标值比较，关注目标值的完成情况
项目与项目之间的对比	柱状图	适合 1～2 个维度数据的比较（数据不多的情形）
	条形图	适合 1～2 个维度数据的比较（数据多的情形）
	雷达图	适合 3 个或更多维度变量的对比
	词云图	过滤大量低频文本，快速提取高频文本
	矩形树图	用矩形大小比较同维度下不同的数据
	热力图	通过颜色深浅来表示两个维度数据的大小
地点与地点之间的对比	地图	不同地域的数据比较，点越大，数据值越大（或颜色越深，数据值越大）

（一）实际值与目标值的对比

仪表图如图 5-20 所示。先设定目标值，再用实际值与目标值进行对比，展示速度、温度、进度、完成率、满意度等，很多情况下也用来表示占比。

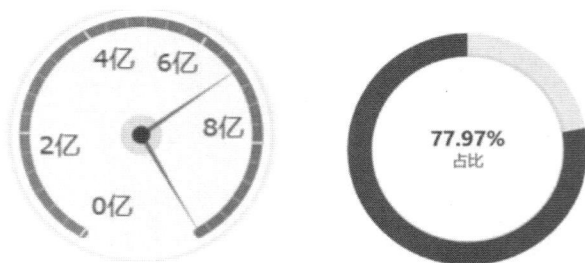

图 5-20　仪表图

（二）项目与项目之间的对比

1．柱形图

柱形图在用于项目与项目之间的对比时，一般适合 1～2 个维度且数据不多的对比。某区域一年的蒸发量和降水量的对比如图 5-21 所示。

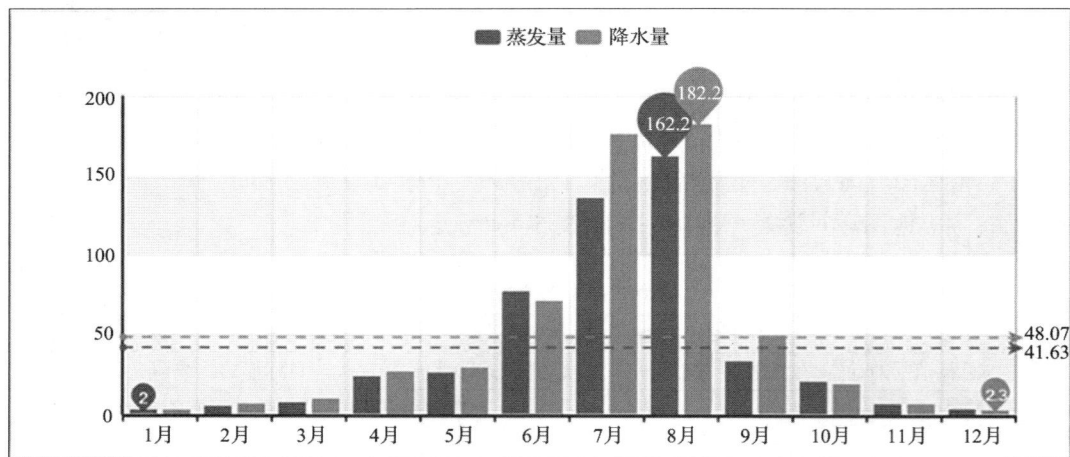

图 5-21　某区域一年的蒸发量和降水量的对比

2．条形图

条形图是柱形图的横向展示方式，用若干个细长的横条长度来表达各类数量大小的图形，可显示各个项目之间的对比情况。例如，用条形图展示不同省份合同金额的对比，如图 5-22 所示。条形图和柱形图可以通过交换横纵轴字段实现互换，一般数据多的情形适合用条形图。

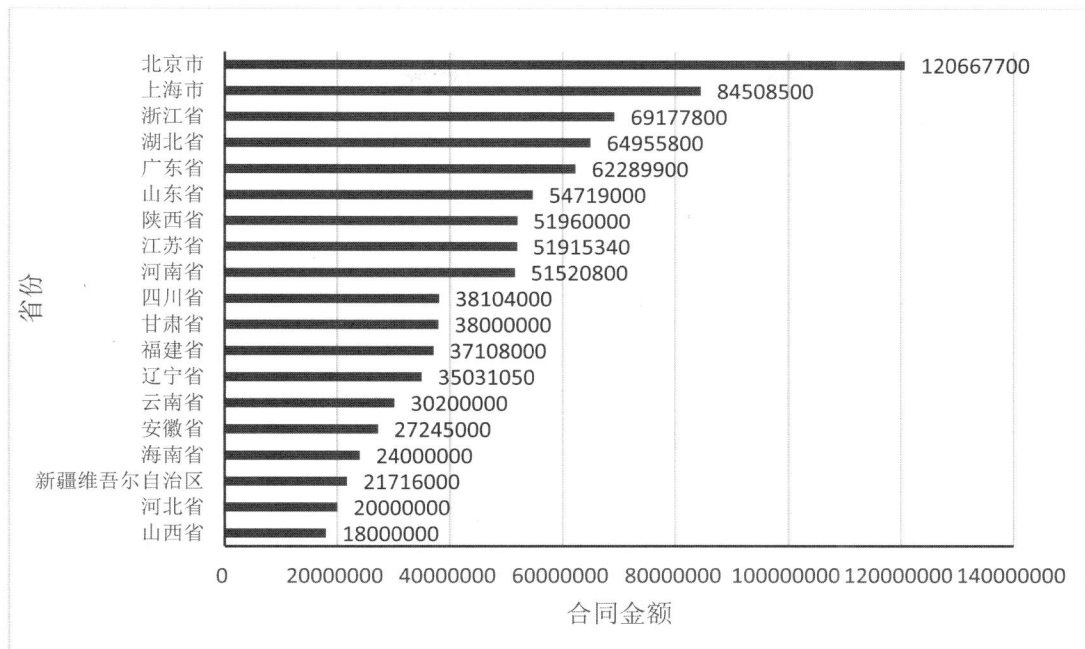

图 5-22　不同省份合同金额的对比

3. 雷达图

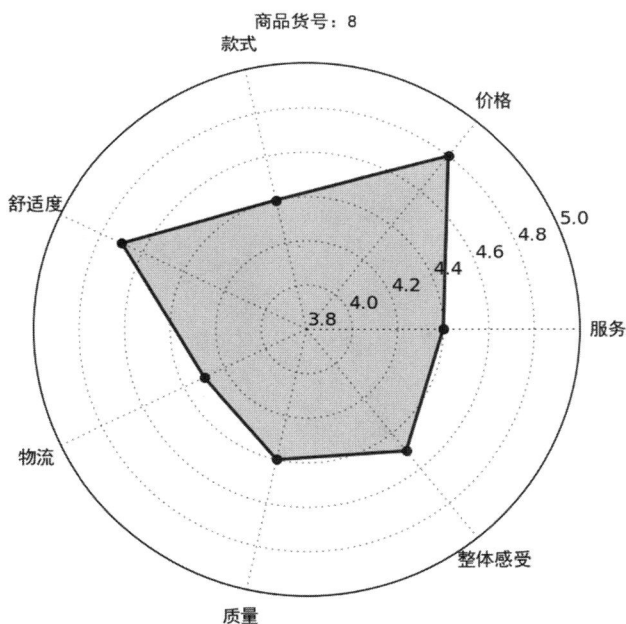

图 5-23　雷达图

雷达图的每个分类都拥有自己的数值坐标轴，这些坐标轴由中心向外辐射，并用折线将同一系列的值连接。它用以显示独立的数据系列之间，以及某个特定的系列与其他系列的整体之间的关系，主要展现事物在各个维度上的分布情况，从而看出事物在哪些方面强、哪些方面弱。例如，一个产品在各个维度上的评分可以通过雷达图来进行展现，如图 5-23 所示。

4. 词云图

词云图是一种直观展示数据频率的图表类型，可以对出现频率较高的关键词予以视觉上的突出，形成关键词云层，从而过滤掉大量的文本信息，使浏览者只要一眼扫过文本就可以领略重点。词云图可应用于制作用户画像，对用户进行聚类，分析话题热度，实现精细化营销等。图 5-24 所示为词云图。

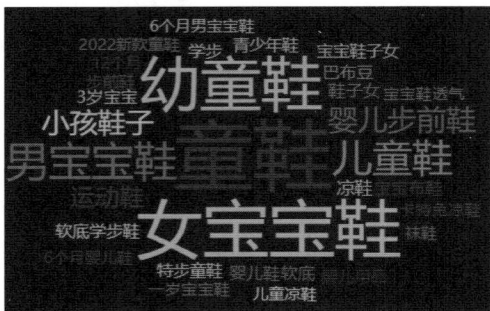

图 5-24　词云图

想一想：

词云图对展示的数据有什么要求？用词云图展示数据有什么优势和劣势？

5. 矩形树图

矩形树图是用来描述层次结构数据的占比关系，能够进行逐级钻取显示下层数据情况。例如，展示合同金额的情况，同一种颜色表示一个年份，同一种颜色中的每一个方块代表一类产品。哪一年哪一种产品的合同金额的大小可以通过矩形块的大小来展示。矩形树图如图 5-25 所示。

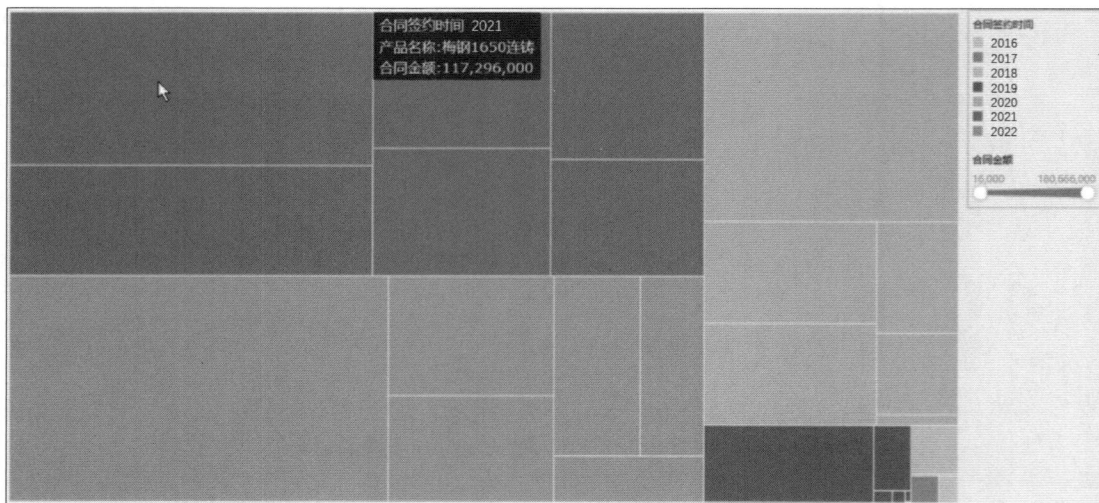

图 5-25　矩形树图

6. 热力图

热力区域图以特殊高亮的方式展示坐标范围内各个点的权重情况，通过颜色高亮程度展示指标数据的差异。例如，用热力图展示某地区每个月 24 小时平均气温分布情况，如图 5-26 所示；用热力图展示某地区近几年 12 个月的雨水分布情况。热力图能清晰地呈现数据在两个维度之间的分布情况、频率或密度，但是它的效果过于柔化，不适合用作数据的精确表达。

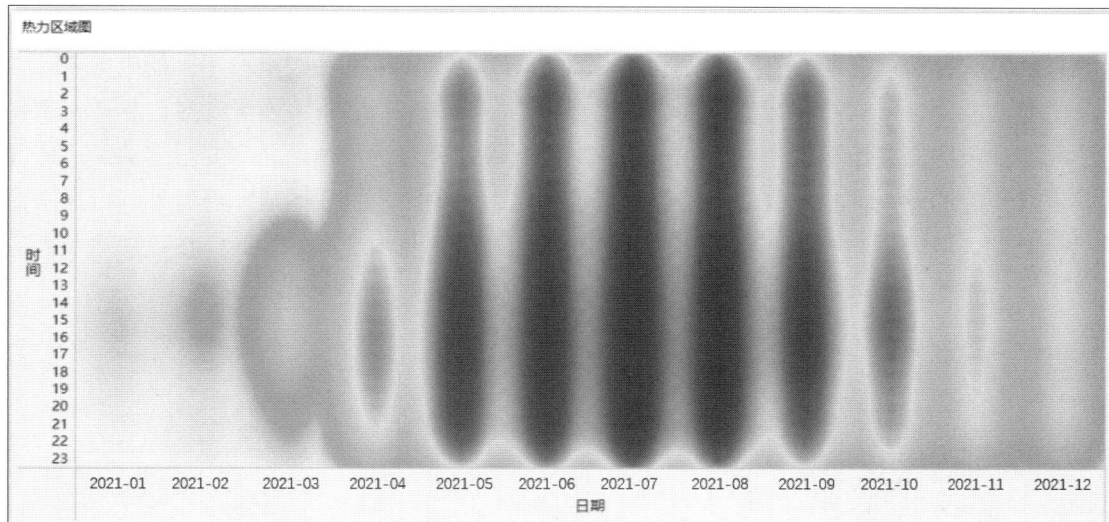

图 5-26 用热力图展示某地区每个月 24 小时平均气温分布情况

（三）地点与地点之间的对比

地图组件是将数据反映在地理位置上，可以直观展示地点与地点之间的对比，点越大，数据值越大，或者颜色越深，数据值越大，包括热力地图、区域地图、流向地图、点地图等。图 5-27 所示为某公司城市销售分布图，将各个城市的销售额数值大小映射在点的面积上，销售额越多，点越大。

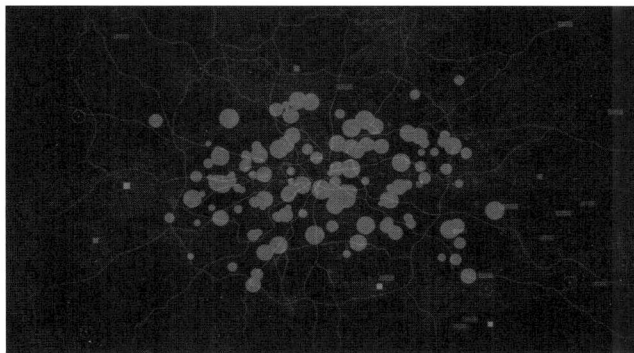

图 5-27 某公司城市销售分布图

知识链接：几种容易混淆的图表类型对比

学习感悟

在大多数场景下，简单的数据可视化方法基本能够满足数据的呈现需求，并且简单易用。更加美观的图表确实可以增加美观度，但可视化的本质并不是"让图表好看"，而是以合理的方式传达信息，"好看"不是可视化的第一目标。不同的图表具有不同的数据表达信息的倾向和属性，如在展示占比构成时适合用饼图，在展示多维度变量的对比时适合用雷达图。如果图表使用错误，将可能导致信息没有被正确传达和理解。需要强调的是，即使使用了正确的图表，也需要在不同场景下区别应用。例如，折线图适合展现不同日期下的指标变化，但若时间粒度很粗，如基于月，则用柱形图更加合理。因此，在可视化图表选择上一定不能只注重华丽的外表，更应该注重数据内涵的清晰展现。

任务实训

1. 在线测试：选择可视化图表。

2. 针对任务引入中小王的工作，请回答以下问题。

① 针对搜索关键词的热度展示，小王可以选择哪种可视化图表类型？

② 小王想展示店铺销售总体走势情况，可以选择哪种可视化图表类型？

③ 小王想展示店铺的流量来源，可以选择哪种可视化图表类型？

④ 小王想展示店铺的客户分布情况，可以选择哪种可视化图表类型？

3. 在 Excel 中打开"可视化练习.xlsx"文件，根据可视化图表相关知识及所提供的数据，选择合适的图表，进行可视化图表操作。

任务评价

评价类目	评价内容及标准	分值	自己评分	小组评分	教师评分
学习态度	✓ 全勤（5分） ✓ 遵守课堂纪律（5分）	10分			

续表

评价类目	评价内容及标准	分值	自己评分	小组评分	教师评分
学习过程	➤ 能够回答描述类可视化图表的类型和特点（5分） ➤ 能够回答构成类可视化图表的类型和特点（5分） ➤ 能够回答序列类可视化图表的类型和特点（5分） ➤ 能够回答对比类可视化图表的类型和特点（5分）	20分			
学习结果	◆ "在线测试"选择题和判断题的考评（3分×10=30分） ◆ 可视化图表选择的考评（20分） ◆ Excel可视化图表操作的考评（20分）	70分			
合　计		100分			
所占比例		—	30%	30%	40%
综合评分					

任务三　使用 BI 可视化工具

任务清单

工作任务	使用 BI 可视化工具	教学模式	任务驱动
建议学时	2 课时	教学地点	一体化教室
任务描述	在这个信息过度传播的时代，人们已经不再有耐心看表格里长篇大论的数据，图表凭借它生动形象、直观易懂的特点，已经逐渐获得职场人士的青睐。然而，在进行可视化操作时，人们希望可视化操作相对简单易用一点，且可视化呈现方式更丰富一些。于是就出现了推动数据可视化的 BI 可视化工具。BI 可视化工具有哪些特征？有哪些较为流行的 BI 可视化工具呢？怎么用 BI 可视化工具进行数据分析呢？为了更好地进行可视化设计，小王开始学习使用 BI 可视化工具		
任务目标	● 掌握 BI 可视化工具的特征； ● 熟悉常用的 BI 可视化工具； ● 熟悉 FineBI 可视化工具软件的下载、安装、界面功能操作； ● 掌握 FineBI 进行数据可视化分析的操作流程； ● 能使用 FineBI 对数据进行可视化图表设计； ● 能利用 FineBI 进行简单可视化仪表板的制作； ● 培养可视化设计中重点突出、信息翔实、选择合理、容易理解的职业素养		
关键词	BI 可视化特征、BI 可视化工具、FineBI、仪表板		

一、BI 可视化工具的特征

传统的数据可视化工具仅仅将数据加以组合，通过不同的展现方式提供给用户，用于发现数据之间的关联信息。近年来，随着云计算和大数据时代的来临，数据可视化产品已经不再满足于使用传统的数据可视化工具来进行数据仓库中的数据抽取、归纳并简单的展现了。

新型的数据可视化产品必须满足大数据时代数据量的爆炸式增长需求，必须快速地收集、筛选、分析、归纳、展现决策者所需要的信息，并根据新增的数据进行实时更新。因此，在大数据时代，BI 可视化工具必须具有以下特性。

（1）实时性：BI 可视化工具必须适应大数据时代数据量的爆炸式增长需求，必须快速地收集、分析数据，并对数据信息进行实时更新。

（2）简单操作：BI 可视化工具必须具有快速开发、易于操作的特性，能符合大数据时代信息多变的特点。

（3）更丰富的展现：BI 可视化工具需要具有更丰富的展现方式，能充分满足数据多维度展现的要求。

（4）多种数据集成支持方式：数据的来源不仅局限于数据库，BI 可视化工具将支持团队协作数据、数据仓库、文本等多种方式，并能够通过互联网进行展现。

二、常用的 BI 可视化工具

近年来围绕大数据可视化的特性要求，出现了 BI 可视化工具，极大地方便了大数据可视化的实现，目前常用的自助式 BI 可视化工具有 Tableau、Power BI、FineBI、SmartBI 等，如表 5-5 所示。本任务主要以 FineBI 为例来介绍可视化工具的使用。

表 5-5　自助式 BI 可视化工具的介绍

分类	商业智能工具	特点
国外	Power BI	• Microsoft 官方推出的可视化数据探索和交互式报告工具； • Power BI 应用包含 Power BI Desktop、Power BI Online-Service、Power BI Mobile。其中，桌面应用程序 Power BI Desktop 为免费版
	Tableau	• Tableau 成立于 2003 年，是斯坦福大学一个计算机科学项目的研究成果； • Tableau 在 2019 年被 Salesforce 收购，但使命不变：帮助人们查看并理解自己的数据； • Tableau 家族产品有 Tableau Desktop、Tableau Server、Tableau Online、Tableau Public 和 Tableau Reader

分类	商业智能 工具	特点
国内	Fine Bl	● FineBI 是帆软公司推出的一种 BI 可视化工具； ● FineBI 的系统构架包括四部分：①数据处理；②即时分析；③多维度分析；④Dashboard
	Smart Bl	● Smart BI 是思迈特软件公司旗下的产品。思迈特软件公司成立于 2011 年，致力为企业客户提供一站式商业智能解决方案； ● 其产品系列主要包括以下几种：①大数据分析平台；②数据化运营平台；③大数据挖掘平台；④SaaS 分析云平台

三、FineBI 的可视化分析

FineBI 是一款国产软件，一句话概括就是最人性化的自助式可视化工具。FineBI 在前台就可以配置表之间的关系，拖曳就可以生成数据分析报表，操作简单，上手容易，符合业务人员的理解、操作和学习习惯，非常人性化。登录帆软公司网站主页，下载和安装 FineBI 软件，注册个人用户后进行 BI 分析和可视化操作。FineBI 登录界面如图 5-28 所示。

微课视频 39：FineBI
制作可视化图表

图 5-28　FineBI 登录界面

下面用一个例子来展示 FineBI 6.0 进行数据可视化分析的过程。

（一）新建分析主题

"分析主题"是在 FineBI 中进行数据分析和可视化展示的核心元素。当需要进行数据分析时，可以新建分析主题并在其中进行自己的业务分析；同时，"分析主题"支持不同用户之间进行协作编辑，方便用户共享分析内容。

单击"我的分析"图标，弹出"我的分析"界面，单击"新建分析主题"按钮，在"全部分析"下新建分析主题，如图 5-29 所示。

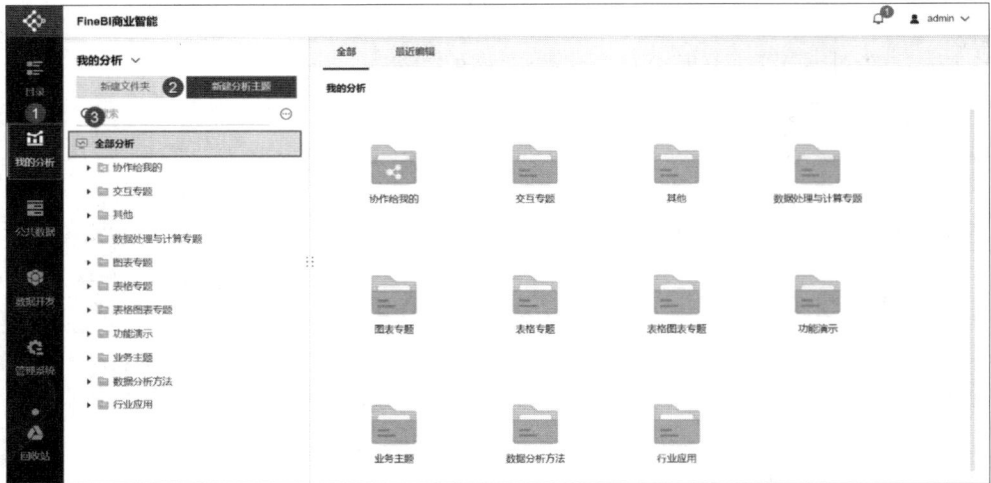

图 5-29　新建分析主题

（二）添加数据

新建分析主题后，会自动进入"选择数据"界面，也可单击"添加"按钮上传数据。这里先单击"本地 Excel 文件"选项卡，再单击"上传数据"按钮，将"示例数据"添加上传，如图 5-30 所示。

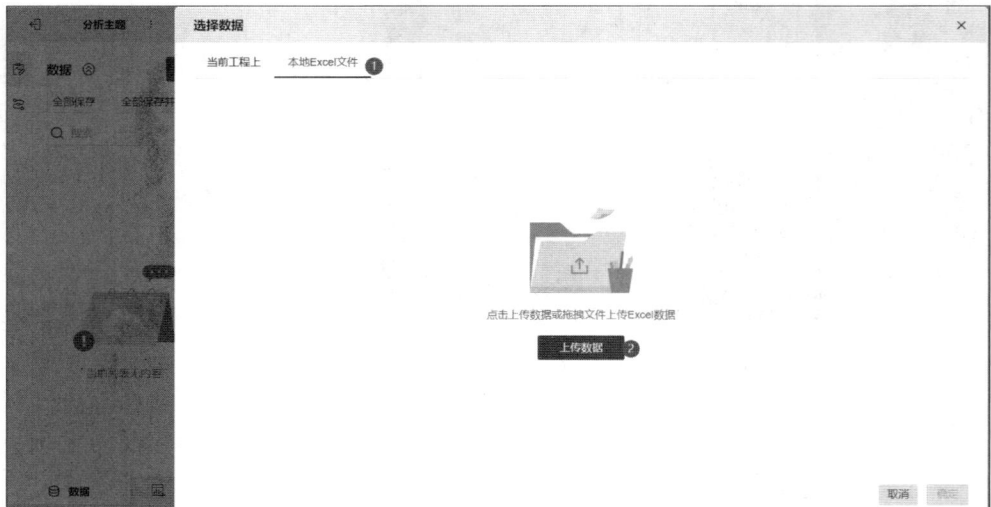

图 5-30　添加数据

（三）编辑数据

数据上传成功后，确认保存，就可以进入编辑数据界面，如图 5-31 所示。数据编辑区域主要由编辑步骤区域、修改表头区域和历史步骤区域三个功能区域组成。FineBI 支持新增列、合并数据、分组汇总、过滤排序、字段设置等步骤，可以通过单击编辑步骤区域对应按钮完成。用户可以通过修改表头区域直接在表头进行切换字段类型、排序、删除列、筛选操作。历史步骤区域则将数据编辑的操作步骤记录下来，方便用户进行检查和修改。此外，在编辑数据过程中还可以进行数据切换、数据校验等操作。当数据编辑好后，可以进行可视化。

图 5-31 编辑数据

想一想：

编辑步骤区域中的左右合并与上下合并有什么不同？

（四）添加可视化组件

FineBI 支持用户将数据通过可视化图表呈现，更直观、深层次地观察数据，并支持在组件中对数据进行分析。接下来将示例中的"合同数据"用可视化图表来展现。

1. 制作表格

先制作一张表格（"合同表"）来展示合同明细信息。单击"组件"按钮即可添加可视化图表。

将左侧字段拖入分析区域（"合同类型""合同付款类型""合同 ID""总金额"），然后选择图表类型为"分组表"（默认分组表），如图 5-32 所示。单击表中"+"可以展开数据明细。在组件中也可以分析数据，实现字段分组、排序过滤、快速计算、添加计算字段等。完成后，在页面底部，重命名"组件"为"合同表"。

图 5-32　制作表格

2. 制作图形

接下来通过制作图形来分析一下"不同合同类型的购买数量"。单击"添加组件"按钮，继续添加图形。先拖入字段，再选择图表类型。FineBI 的表格和图形有多种呈现类型，单击即可切换，如图 5-33 所示。

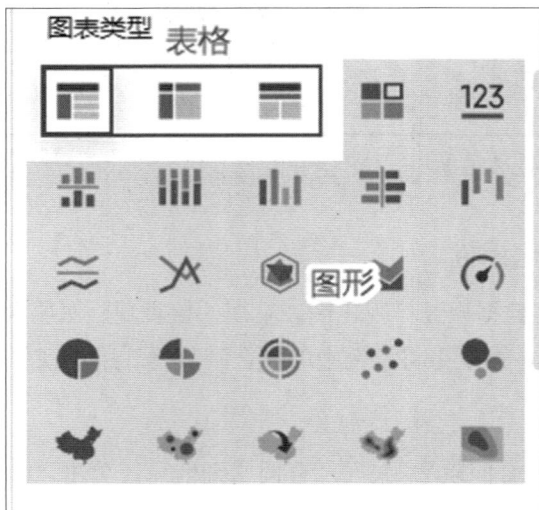

图 5-33　图表类型

首先，拖入字段"合同类型"和"购买数量"后发现表格展示得不够直观；然后，单击"柱形图"按钮就清晰地将数据表达出来；最后，设置"图形属性"和"组件样式"，对组件进行美化。图形的颜色、形状、尺寸等美化修改，可以在"图形属性"中实现。"组件样式"可以对组件进行一些美化，改变组件的风格，如可设置标题是否显示、图例、轴线、横向网格图、纵向网格图、背景、自适应显示、交互属性等。完成后，重命名"组件"为"不同合同类型购买数量分析"。具体操作流程如图 5-34 所示。

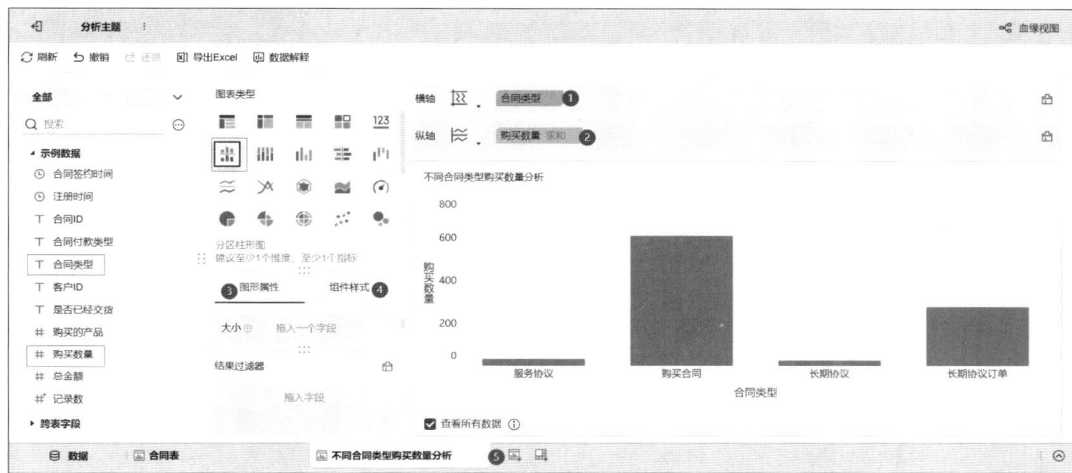

图 5-34　制作图形

（五）制作仪表板

完成组件分析后，可以单击分析主题底部"添加仪表板"按钮，将制作的表格和图表拖入仪表板中，调整位置，查看所有数据分析结果，完成仪表板制作，如图 5-35 所示。

图 5-35　制作仪表板

（六）仪表板美化

仪表板是放置可视化组件的面板，一张精心设计的仪表板不仅能够协调组织工作，帮助发现问题的关键，还能让别人一眼了解你想表达的内容，或者在你的基础上发散思维，拓展分析，如图 5-36 所示。仪表板中可以设置样式，调整图表，设置组件过滤等。

图 5-36　设计美化的可视化仪表板

学习感悟

BI 可视化工具是通过仪表盘、柱形图、折线图等各类图表的展现，以更易理解的方式诠释数据之间的复杂关系和发展趋势，以便更好地利用数据分析结果。BI 视化工具的优势在于，其智能数据分析、多维动态分析、高效按需分析等功能，像同比、环比的内存计算、智能钻取、多图联动、筛选等功能都能通过点击的方式来立即应用，如多维动态可视化分析，让浏览者可随时根据自己的分析需求去调整字段与维度组合，在数秒内即可完成。使用 BI 可视化工具的关键在于读懂数据，找出数据逻辑，并且要有创新精神，敢于灵活运用数据思维逻辑和设计工具，讲述好数据背后的故事。

任务实训

1. 在线测试：使用 BI 可视化工具。

2．登录帆软公司网站主页，下载和安装 FineBI 软件，注册个人用户，登录 FineBI 软件后进行以下操作实践。

一、导入 Excel 数据

启动和登录 FineBI 软件，新建分析主题"店铺运营"，进入"选择数据"界面，也可单击"添加"按钮上传数据。这里执行"本地 Excel 文件"→"上传数据"命令来添加数据。将"5.1 儿童鞋搜索关键词.xlsx""5.2 销售数据.xlsx""5.3 流量数据.xlsx"三个表的数据导入，如图 5-37 所示。

图 5-37　导入数据

二、数据加工

添加进来的基础数据表，很多情况下还需要进行数据加工，由于本任务主要介绍 FineBI 图表可视化制作，因此直接导入进来的基础数据表已经是在 Excel 中处理过的，可以直接制作图表，数据加工过程就不详细介绍了。

三、制作图表

单击界面下方的"组件"按钮即可添加可视化图表。

（一）关键词词云图制作

选择数据"5.1 儿童搜索词关键词"，添加组件进行词云图的制作，将左侧表中字段"搜索关键词"拖入到横轴，将表中"搜索人气"字段拖入到纵轴，在图表类型中选择"词云图"选项，在"图形属性"和"组件样式"中进行属性和样式的设置。在"图形属性"中，将"颜色"和"文本"属性中拖入搜索关键词维度,"大小"属性中拖入搜索人气指标。关键词词云图制作如图 5-38 所示。

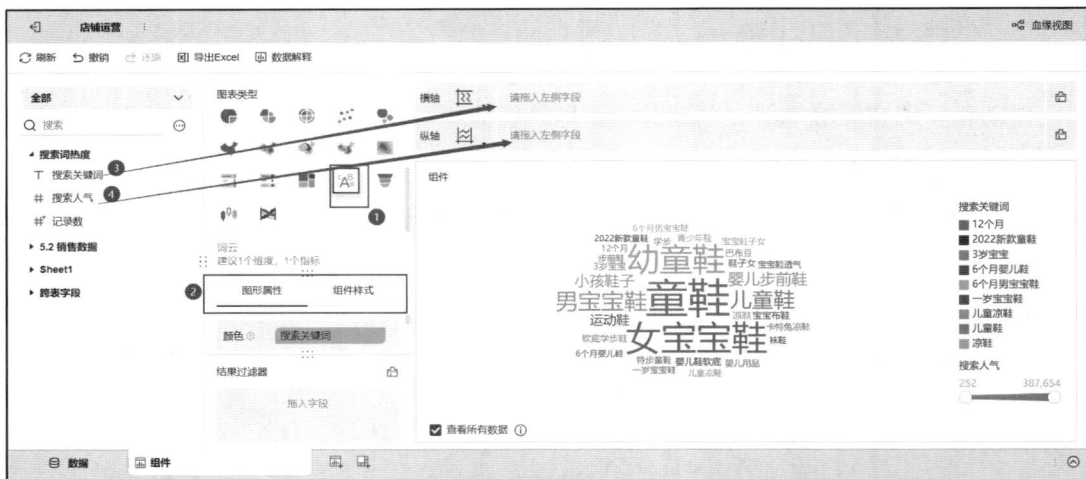

图 5-38　关键词词云图

（二）店铺销量趋势分析

选择数据"5.2 销售数据",添加组件进行店铺销售趋势分析图制作。先在图表类型中选择 "自定义图形";然后将数据表中的"日期"字段拖入图表区上方的横轴中,将"销售量"和"估算销售额"两个字段拖入图表区上方的纵轴中;接着将"销售量"设置为左值轴,"估算销售额"设置为右值轴;最后进行图形属性和组件样式的设置,其中在图形属性中将"销售量"设置为折线,"估算销售额"设置为柱形图。店铺销量趋势分析图制作如图 5-39 所示。

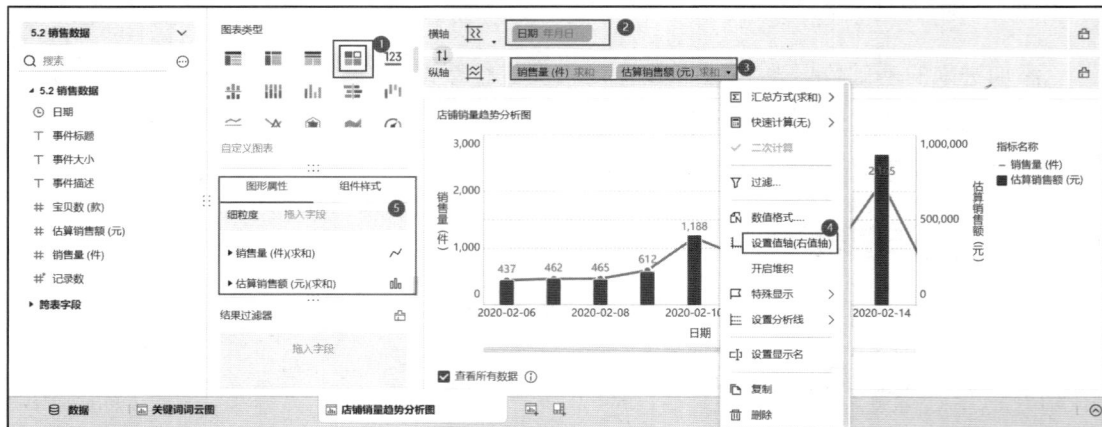

图 5-39　店铺销量趋势分析图制作

（三）流量来源分析

选择数据"5.3 流量数据"，添加组件进行店铺流量来源分析图制作。先在图表类型中选择 "玫瑰图"；然后进行图形属性设置，颜色中拖入"来源明细"字段，半径中拖入"成交订单数"字段，角度中拖入"成交转化率"字段，标签中拖入"成交订单数"字段；为了更好地凸显玫瑰图的效果，需要在图表属性中设置按"成交订单数"降序排序，且需要设置玫瑰图的内外半径；最后在组件样式中进行文字大小、标题、图例位置等设置。流量来源分析图制作如图 5-40 所示。

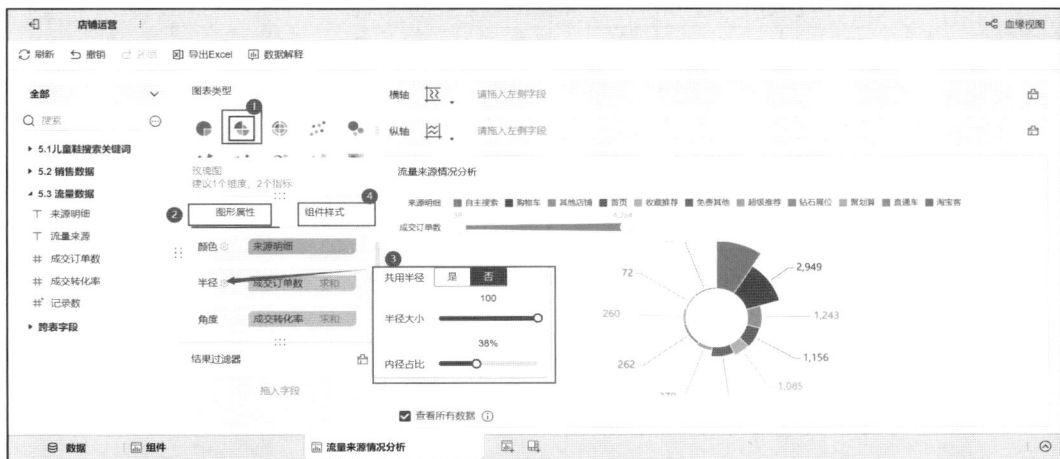

图 5-40　流量来源分析图制作

（四）设计仪表板

在图 5-41 所示的天猫店铺运营分析仪表板中调整各图表的大小及仪表板的样式。

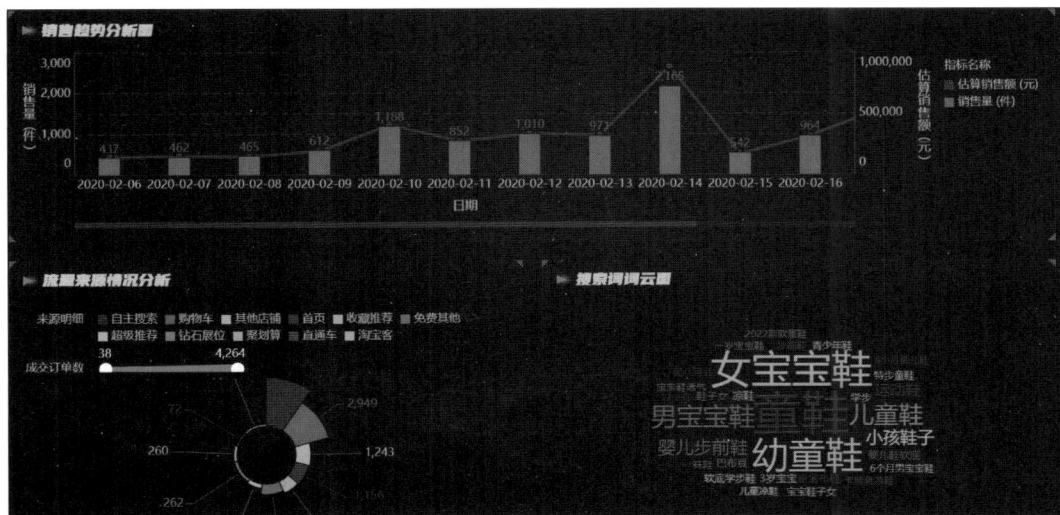

图 5-41　天猫店铺运营分析仪表板

161

任务评价

评价类目	评价内容及标准	分值	自己评分	小组评分	教师评分
学习态度	✓ 全勤（5分） ✓ 遵守课堂纪律（5分）	10分			
学习过程	➤ 能够说出本任务的学习目标，上课积极回答问题（5分） ➤ 能够回答 BI 可视化工具的特点及常见 BI 可视化工具（5分） ➤ 能够回答 FineBI 可视化工具的基本操作流程（5分） ➤ 能够回答 FineBI 仪表板的作用（5分）	20分			
学习结果	◆ "在线测试"选择题和判断题的考评（3分×10=30分） ◆ FineBI 可视化图表设计操作的考评（40分）	70分			
合　计		100分			
所占比例		—	30%	30%	40%
综合评分					

项目总结

通过本项目，学生应该掌握的理论知识如下。

（1）数据可视化的概念，数据可视化的作用。

（2）常见的可视化图表类型，以及各图表适用的表达内容。

（3）数据可视化的设计流程。

（4）数据可视化工具的种类并掌握两种以上的可视化工具。

通过本项目，学生应该掌握的技能如下：

（1）能够运用数据可视化相关基础知识，做好数据可视化的全面准备工作。

（2）能够根据数据分析的目的和要求选用合适的可视化图表。

（3）能够熟练利用 Excel 创建可视化图表。

（4）能够利用 BI 可视化工具进行可视化仪表板的制作。

复习与巩固

1．数据可视化的意义是什么？

2．数据可视化的一般步骤是什么？

3．常用数据可视化工具有哪些？

4．常用数据可视化图表有哪些？它们各自适合什么样场景？

5．利用 BI 工具设计制作可视化图表，要求能通过仪表板方式集中展示。

项目 六

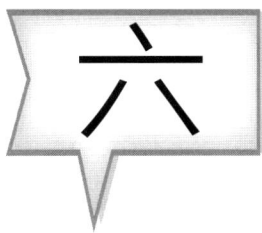

数据安全与隐私保护

　　随着数字经济的发展，数据已经成为政府和企业最核心的资产。与此同时，数据安全也成为一大隐患，我们该如何保护政府和企业的数据安全呢？大数据时代，人们的生活也已经被各种各样的数据包围，每一个人也是数据的一部分。互联网给人们的生活带来越来越多便利的同时，与数据安全相关的问题此起彼伏。作为数据生产及拥有者的个人，我们该如何保护个人隐私数据安全呢？

　　本项目将带领你认识大数据安全，关注大数据时代个人隐私保护，关注大数据带来的国家信息安全问题，提高数据安全与隐私保护意识，找到数据安全和隐私保护的应对之策。

学习目标

知识目标	1. 理解数据安全、大数据安全的概念； 2. 掌握传统数据安全的特点，以及大数据安全的新特征； 3. 熟悉大数据安全问题，以及大数据安全常用的技术； 4. 了解大数据时代个人信息的属性与应用领域； 5. 掌握大数据时代个人信息与隐私安全问题的成因及应对之策； 6. 掌握大数据给国家信息安全带来的挑战及应对之策
能力目标	1. 能够分析个人信息安全和隐私保护相关案例，提升个人隐私保护能力； 2. 能够分析大数据国家信息安全相关案例，并提出一些切实可行的应对之策
素质目标	1. 养成良好的数据安全意识； 2. 养成合法、合规使用数据的习惯
思政目标	通过对大数据时代个人隐私保护和国家信息安全问题的成因、应对之策等知识的学习，以及相关案例的分析，培养数据安全防范意识和个人隐私保护能力，将安全、健康、文明的大数据应用内植于心、外践于行

思维导图

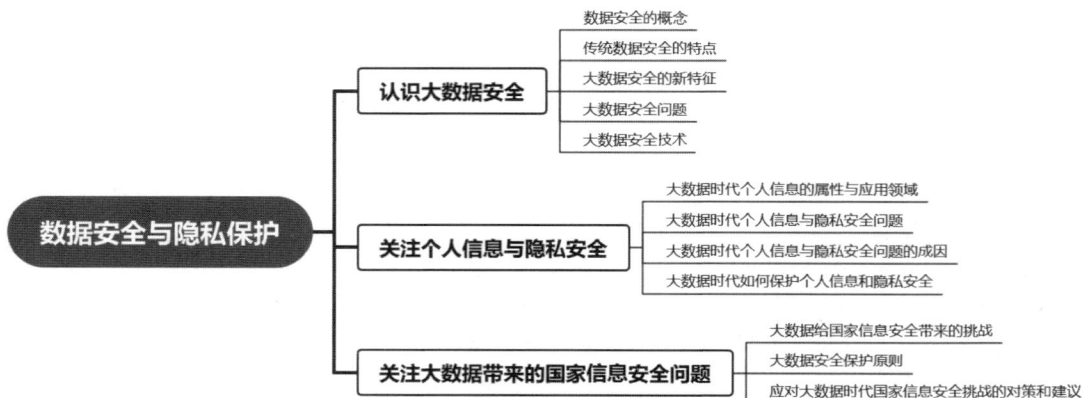

任务一　认识大数据安全

任务清单

工作任务	认识大数据安全	教学模式	任务驱动
建议学时	2 课时	教学地点	多媒体教室
任务描述	随着数字经济的快速崛起，万物互联、企业上云等趋势的不断推进，大数据已经成为最有价值的资产之一。然而，在数据价值体现的同时，数据安全问题愈加凸显，数据泄露、数据丢失、数据滥用等安全事件层出不穷。如何应对大数据时代下严峻的数据安全问题，在安全、合法、合规的前提下使用及共享数据成为备受瞩目的问题。对初涉大数据领域的小王来说，他急需认识大数据安全，学习数据安全相关知识		
任务目标	<li>理解数据安全的概念；</li><li>掌握传统数据安全的特点；</li><li>熟悉大数据安全的新特征；</li><li>掌握大数据安全的常见问题；</li><li>理解和熟悉大数据安全的常用技术；</li><li>能根据大数据安全特征分析大数据对个人、企业、国家的安全问题；</li><li>能针对大数据安全问题选择和应用大数据安全技术；</li><li>养成良好的数据安全意识</li>		
关键词	传统数据安全、大数据安全特征、大数据安全问题、大数据安全技术		

一、数据安全的概念

于 2021 年 9 月 1 日开始实施的《中华人民共和国数据安全法》中的第一章第三条给出了数据安全的定义：数据安全是指通过采取必要措施，确保数据处于有效保护和合法利用的状态，以及具备保障持续安全状态的能力。数据安全要保障数据全生命周期的安全与处理合规。这里的全生命周期包括数据的收集、使用、存储、传输、披露、跨境转移、销毁等。

传统数据安全有对立的两方面的含义：一是数据本身的安全，主要是指采用现代密码算法对数据进行主动保护，如数据保密、数据完整性、双向强身份认证等；二是数据防护的安全，主要是采用现代信息存储手段对数据进行主动防护，如通过磁盘阵列、数据备份、异地容灾等手段保证数据的安全，数据安全是一种主动的保护措施。

大数据安全包括保障大数据安全和大数据技术应用安全。保障大数据安全是指保障大数据计算过程、数据形态、应用价值的处理技术，涉及大数据自身的安全问题；大数据技术应用安全是利用大数据技术提升信息系统安全效能和能力的方法，涉及如何解决信息系统的安全问题。

二、传统数据安全的特点

传统的数据安全重点关注数据作为资料的保密性（Confidentiality）、完整性（Integrity）、可用性（Availability）等静态安全，简记为 CIA，如图 6-1 所示。其受到的主要威胁在于数据泄露、篡改、灭失所导致的三性破坏。

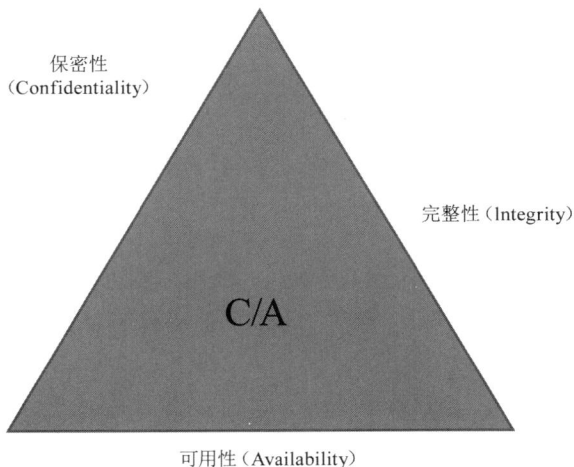

图 6-1 数据安全三要素 CIA

（一）保密性

保密性又称机密性，是指个人或团体的信息不为其他不应获得者获得。在计算机中，许多软件（包括邮件软件、网络浏览器等）都有保密性相关的设定，用以维护用户资讯的保密性。

（二）完整性

数据的完整性是信息安全的三个基本要素之一，指在传输、存储信息或数据的过程中，确保信息或数据不在未授权的情况下被篡改或在篡改后能够被迅速发现。在信息安全领域，其常常和保密性边界混淆。以普通 RSA 对数值信息加密为例，黑客或恶意用户在没有获得密钥破解密文的情况下，可以通过对密文进行线性运算，改变数值信息的值。例如，交易金额为 X 元，通过对密文乘 2，可以将交易金额改为 $2X$。为解决以上问题，通常使用数字签名或散列函数对密文进行保护。

（三）可用性

数据的可用性是一种以使用者为中心的设计概念。可用性设计的重点在于让产品的设计能够符合使用者的习惯与需求。以互联网网站的设计为例，希望让使用者在浏览的过程中不会产生压力或感到挫折，并能让使用者在使用网站功能时，能用最少的努力发挥最大的效能。基于这个原因，任何有违信息的"可用性"都算是违反信息安全的规定。

三、大数据安全的新特征

随着信息化和信息技术的进一步发展，信息社会从小数据时代迈入大数据时代。在大数据时代，数据质量和价值得到更大程度的提升，数据动态利用逐渐走向常态化、多元化，这使得大数据安全表现出与传统数据安全不同的特征，具体来说有以下几个方面。

微课视频 41：大数据安全的新特征和大数据安全问题

（一）大数据成为网络攻击的显著目标

在网络空间中，数据越多，受到的关注度也越高，因此大数据是更容易被发现的大目标。一方面，大数据因数据量大且包含复杂、敏感的数据，对潜在的攻击者具有较大的吸引力。另一方面，当数据在一个地方大量聚集以后，安全屏障一旦被攻破，攻击者就能一次性获得较大收益。

（二）大数据加大隐私泄露风险

大数据推动数字经济新业态、新模式蓬勃发展，人们在享受便捷化信息服务的同时面临保护个人信息的两难抉择。大数据带来的互联网、物联网等新智能时代方便了人们的日常生活，但是在带来便捷的同时，个人信息权利被动削弱，人们的隐私安全受到威胁，这就需要高水平的隐私保护技术。

（三）大数据技术被应用到攻击手段中

大数据采用新型计算机架构、智能算法等新技术，正逐渐演变为新一代基础性技术和工具，大数据平台的自身安全将成为大数据与实体经济融合领域安全的重要因素。通过大数据与实体经济的融合促使传统制造业转向智能制造业，使制造业更加网络化、数字化、智能化，这一本质的改变使网络攻击手段发生变化，攻击目的由原来单纯地窃取数据、瘫痪系统变为操纵分析结果；攻击效果由原来直观易察觉的信息泄露转为现在细小难以察觉的分析结果偏差。这就需要构建更加完善的大数据平台保护体系。

（四）大数据成为高级可持续攻击的载体

在大数据时代，黑客往往将自己的攻击行为进行较好的隐藏，依靠传统的安全防护机制很难被监测到。因为传统的安全检测机制一般是基于单个时间点进行的基于威胁特征的实时匹配检测，而高级可持续攻击是一个实施过程，并不具备能够被实时检测出来的明显特征，所以无法被实时检测到。

（五）大数据频繁跨界流动引发新的安全风险

传统的数据通常是独立生成、分散使用的，每块数据的规模和价值都有限，不容易成为黑客攻击的优选目标；大数据时代，数据流动成为常态，数据频繁跨界流动引发新的安全风险，特别是在数据共享环节存在数据授权管理问题、数据流向追踪问题、安全审计问题等，这就需要构建以数据为中心的动态、连续的数据安全防范体系。

想一想：

大数据安全与传统数据安全的不同点主要体现在哪些方面？

四、大数据安全问题

大数据时代，数据从静态安全到动态安全的转变，使得数据安全不再只是确保数据本身的保密性、完整性和可用性，更承载着个人、企业、国家等多方主体的利益诉求。下面从个人、企业、国家三个方面来阐述大数据安全问题。

（一）个人信息与隐私安全问题

随着大数据产业的不断发展，隐私和个人信息安全成为社会安全的重要战略问题。在互联网时代，无论是日常购物、休闲娱乐等琐碎小事，还是买房、买车、生儿育女等人生大事，都会在各式各样的系统中留下"数据脚印"。这些细小数据可能无关痛痒，一旦将它们通过技术整合后，就会逐渐还原个人生活的轨迹和全貌，使个人隐私无所遁形。生活中各类场合的身份登记、网络平台注册、平台的联网使用等过程都有可能造成个人信息泄露。个人信息的泄露绝不仅是侵犯隐私那么简单，还有可能威胁大家的人身和财产安全。像生活中经常出现的冒名办卡恶意透支、垃圾信息源源不断、骚扰电话不分昼夜等情况，很大程度上是个人信息与隐私泄露所致。维护个人信息与隐私安全是一场持久战，也是一场前所未有的遭遇战。

（二）企业信息安全问题

大数据时代，某企业重要财务数据、客户资源数据泄露的案例也常见于报道。企业数据泄露风险加剧，这很大程度上来源于企业互联网化进程的不断深入，越来越多的企业业务被迁移到互联网上，大量的应用数据被产生、传输、公开、共享。与此同时，新一代应用通过 Web、H5、App、API、微信和小程序等多种业务渠道接入，导致应用敞口风险和链条管控难度加大，加之各类变化多端的撞库攻击、暴力破解、爬虫攻击，使得企业面临越来越严峻的数据安全风险。首先，当企业发生客户资源数据泄露时，公众会对企业产生不信用感，使得企业声望受损。其次，数据本身就是企业财产的一部分，当数据泄露，相当于将资产拱手让人，对企业竞争力产生威胁。再次，部分数据本身就是企业的商业机密、核心技术，如果泄露，企业的核心竞争力就会丧失，企业的生存就会受到很大影响。

（三）国家信息安全问题

大数据作为一种社会资源，给全球的政治、经济、军事、文化、生态带来影响，已经成为衡量一个国家综合国力的重要标准。大数据意味着海量数据，也意味着更加复杂、敏感的数据，特别是关系国家安全和利益的数据，如国防建设、军事数据、外交数据，极易成为网络攻击的目标。一旦机密情报被窃取或泄露，就会关系到整个国家的命运。在大数据时代，国家信息安全问题的严重性愈发凸显，已超越了传统的安全问题。大数据事关国家主权和安全，必须加以高度重视。

五、大数据安全技术

人类从使用数据之初就存在数据安全问题，这并非大数据时代特有的问题。因此，经过几十年发展起来的数据安全技术，都可以很好地用于数据的安全保护。当然，随着大数据的发展，对安全技术也提出了更高的要求，相应地，产生了新的大数据安全技术。下面针对大数据安全技术的几种常用技术进行介绍。

微课视频 42：大数据安全技术

（一）数据加密技术

数据加密是用某种特殊的算法改变原有的信息数据使其不可读或无意义，使未授权用

户获得加密的信息后，因不知解密的方法而无法了解信息的内容。加密建立在对信息进行数学编码和解码的基础上，是保障数据机密性最常用且最有效的一种方法。

在大数据环境中，数据具有多源、异构的特点，数据量大且类型繁多，若对所有数据制定同样的加密策略，则会大大降低数据的保密性和可用性。因此，在大数据环境下，需要先进行数据资产安全分类分级，再对不同类型和安全等级的数据指定不同的加密要求和加密强度，尤其是大数据资产中非结构化数据涉及文档、图像和声音等多种类型，其加密等级和加密实现技术不尽相同，因此需要针对不同的数据类型选择不同的加密技术。

（二）身份认证技术

身份认证技术在使用时，会通过对操作者身份信息的认证，确定操作者是否为非法入侵者，进而对网络数据进行保护。该项技术主要用于操作系统间的数据访问保护，是较为常用、高效的数据安全保护技术。

在大数据环境中，用户数量众多、类型多样，必然面临着海量的访问认证请求和复杂的用户权限管理的问题，而传统的基于单一凭证的身份认证技术不足以解决上述问题，一般综合利用多种身份验证方法来认证用户身份。

（三）访问控制技术

访问控制是指系统对用户身份及其所属的预先定义的策略组限制其使用数据资源能力的手段，通常用于系统管理员控制用户对服务器、目录、文件等网络资源的访问。访问控制是主体依据某些控制策略或权限对客体本身或其资源进行的不同授权访问，它是系统保密性、完整性、可用性和合法使用性的重要基础，是网络安全防范和资源保护的关键策略之一。

（四）数据库审计技术

数据库审计是以安全事件为中心，以全面审计和精确审计为基础，实时记录网络上的数据库活动，对数据库操作进行细粒度审计的合规性管理，对数据库遭受到的风险行为进行实时警告。它通过对用户访问数据库行为的记录、分析和汇报，帮助用户事后生成合规报告、事故追根溯源，同时通过大数据搜索技术提供高效查询审计报告，定位事件原因，以便日后查询、分析、过滤，从而加强内外部数据库网络行为的监控与审计，提高数据资产安全。

（五）数据溯源技术

数据溯源（Data Provenance）技术的出发点是帮助人们确定数据仓库中各项数据的来源，如了解它们是由哪些表中的哪些数据项运算而来的，据此可以方便地验算结果的正确性，或者以极小的代价进行数据更新。除数据库以外，数据溯源技术还包括 XML 数据、流数据与不确定数据的溯源技术。数据溯源技术也可用于文件的溯源与恢复。例如，研究者通过扩展 Linux 内核与文件系统，创建一个数据起源存储系统，可以自动搜集起源数据。数据溯源技术将在网络安全领域发挥重要作用，数据溯源技术在大数据安全中的应用还面临以下挑战。

（1）数据溯源与隐私保护之间的平衡。一方面，基于数据溯源对大数据进行安全保护，只有通过分析技术获得大数据的来源，才能更好地支持安全策略和安全机制的工作；另一方面，数据来源往往本身就是隐私敏感数据，用户不希望这方面的数据被分析者获得。因此，如何平衡这两者的关系是需要研究的问题之一。

（2）数据溯源技术自身的安全性保护。当前数据溯源技术并没有充分考虑安全问题，如标记自身是否正确、标记信息与数据内容之间是否安全绑定等。而在大数据环境下，其大规模、高速性、多样性等特点使该问题更加突出。

（六）数据脱敏技术

数据脱敏是指对某些敏感信息通过脱敏规则进行数据的变形，实现敏感隐私数据的可靠保护。这样就可以在开发、测试和其他非生产环境及外包环境中安全地使用脱敏后的真实数据集。数据脱敏的保护方式是在涉及客户安全数据或一些商业性敏感数据的情况下，在不违反系统规则的条件下，对真实数据进行改造并提供测试使用，如身份证号、手机号、卡号、客户号等个人信息都需要进行数据脱敏。《数据安全管理办法》明确要求，对于个人信息的提供和保存要经过匿名化处理，而数据脱敏技术是实现数据匿名化处理的有效途径。

（七）数据备份和容灾系统

数据备份和容灾系统是通过建立数据的备份及远程的容灾备份，确保在发生灾难性事件时，数据能够被正常地恢复，从而提升数据的可用性。所谓数据容灾，就是指建立一个异地的数据系统，该系统是本地关键应用数据的一个可用复制。容灾系统是数据存储备份的最高层次。

知识链接：《大数据安全标准化白皮书》

学习感悟

大数据时代，数据量巨大、数据变化快等特征导致大数据分析及应用场景较为复杂，这就需要我们对传统信息安全技术优化改进的基础之上进行创新。大数据安全主要是保障数据不被窃取、破坏和滥用，以及确保大数据系统的安全可靠运行。从数据生命周期的角度来看，大数据安全涉及采集、传输、存储、处理、交换、销毁等各个环节，每个环节都面临不同的安全威胁，需要采取不同的安全防护措施。例如，作用于数据采集阶段的安全防措施有敏感数据鉴别发现、数据分类分级标签、数据质量监控等；作用于数据存储阶段的安全防措施有数据加密、数据备份容灾等；作用于数据处理阶段的安全防措施有数据脱敏等；作用于数据删除阶段的安全防措施有数据全副本销毁等；作用于整个数据生命周期的安全防措施有用户角色权限管理、数据校验与加密、数据活动监控审计等。

任务实训

1. ▨ 在线测试：认识大数据安全。
2. 上网搜索资料，从个人、企业、国家三个方面各举一例说明大数据安全问题。
3. 通过网络搜集数据，试分析总结出华为企业的大数据安全实践战略。

任务评价

评价类目	评价内容及标准	分值	自己评分	小组评分	教师评分
学习态度	✔ 全勤（5分） ✔ 遵守课堂纪律（5分）	10分			
学习过程	➤ 能够说出本任务的学习目标，上课积极回答问题（5分） ➤ 能够回答大数据安全的特征（5分） ➤ 能够回答大数据安全的常见问题（5分） ➤ 能够理解和回答大数据安全的常用技术（5分）	20分			
学习结果	◆ "在线测试"选择题和判断题的考评（3分×10=30分） ◆ 大数据安全问题案例的考评（20分） ◆ 大数据安全策略分析的考评（20分）	70分			
合　　计		100分			
所占比例		—	30%	30%	40%
综合评分					

任务二　关注个人信息与隐私安全

任务清单

工作任务	关注个人信息与隐私安全	教学模式	任务驱动
建议学时	2 课时	教学地点	多媒体教室
任务描述	大数据时代，先进的科学技术方便了人们的生活，丰富了人们的信息体验，同时让人们的生活更加数据化、公开化。隐私、机密在先进的科学技术下，似乎已经无处遁形。小到个人的成长历程、家庭状况、财产情况，以及每一次通话联络、每一封邮件往来、每一笔经济消费、每一趟交通出行都能够通过数据进行记录。 　　大数据时代，有哪些个人信息与隐私安全问题？这些问题产生的原因是什么？如何保障个人信息安全？个人信息泄露后，怎么补救？小王非常关注个人信息与隐私安全问题		
任务目标	<ul><li>了解大数据时代个人信息的属性与应用领域；</li><li>掌握大数据时代个人信息与隐私安全问题；</li><li>掌握大数据时代个人信息与隐私安全问题的成因；</li><li>掌握大数据时代如何保护个人信息与隐私安全；</li><li>能够分析个人信息安全与隐私保护相关案例，提升个人隐私保护能力；</li><li>能进行个人信息与隐私安全的防范；</li><li>养成良好的个人信息与隐私保护安全意识</li></ul>		
关键词	个人信息、个人隐私、问题、成因、保护		

知识必备

一、大数据时代个人信息的属性与应用领域

（一）个人信息与个人隐私的属性

个人信息和个人隐私在含义上存在差异，区别主要体现在权利属性和权利客体上：从权利属性角度来看，隐私权是精神性的人格权，而个人信息权并不完全是精神性的人格权，它是兼有人格权与财产权双重属性的综合性权利，既包括了精神价值，又包括了财产价值；从权利客体角度来看，隐私是个人不愿意公开披露且不涉及公共利益的部分，而个人信息可能与隐私重合，还可能表现为可识别的其他信息。例如，隐私不必表现为记载性的信息，也可以是私人的生活方式，这与个人信息不同。大数据时代的隐私与传统的不同，内容更多；个人身份、健康状况、个人信用和财产状况等是隐私；使用设备、位置信息、电子邮件也是隐私；上网浏览信息、应用的 App、在网上参加的活动、发表及阅读帖子和点赞，也可能成为隐私。

微课视频 43：个人信息属性与安全问题

（二）大数据环境下个人信息的应用领域

随着对大数据认知的深入及大数据技术的发展，个人信息被应用的行业及范围越来越广。根据应用目的，目前个人信息的应用领域主要包括以下几种。

1. 企业经营目的的应用

企业可以通过对大数据的采集、分析，更加明确地了解市场需求，从而有针对性地进行投资，节约了成本，大大减少了投资风险；企业也可以根据大数据分析结果，更加精确地定位顾客，有针对性地向顾客进行营销，提升广告投放的精确度，提高营销效果，提高服务质量。

2. 政府管理目的的应用

借助对国民个人数据、国民生活消费数据、交通数据等的收集和分析，政府部门可以实现更加高效、有针对性的市场经济调控，完善公共卫生安全防范，提升紧急应急能力，完善社会舆论监督，实现智慧交通等。

3. 公益目的的应用

公益目的的应用主要是针对医疗、科技研究单位而言的，即借助大数据应用，对医疗、科学技术发展做出之前无法实现的突破或改善。比如，大数据分析应用的计算能力可以让我们在很短时间内解码病毒 DNA，从而使医疗人员制定出合适的治疗方案。

4. 个人目的的应用

个人目的的应用是那些对改善个人生活品质更加直接的大数据应用，如手机或智能装备收集的每天的生活数据，包括热量消耗、睡眠质量甚至是心肺功能，通过对这些数据的分析，对我们个人的身体健康做出提示和反馈。

二、大数据时代个人信息与隐私安全问题

（一）个人信息滥采现象十分严重

目前，大部分 App 在安装过程中都或多或少存在获取与软件应用功能无关的个人信息现象，主要包括个人通信录、地理位置、个人相册等访问权限。以手机电筒 App 为例，除了要求获取电池和摄像头访问权限，还要求访问用户通信录和地理位置等与软件功能无关的个人信息。企业在搜集个人数据时，为了规避责任或诱导用户可能存在以下投机行为。一是没有《用户隐私权保护和个人信息利用政策》（简称隐私条款）相关说明。根据法律规定，在搜集个人数据时，应有隐私条款的相关说明，使用户对数据的用途有知情权。但不少网站在搜集个人数据时，隐私条款设置不完备，甚至没有设置隐私条款。二是隐私条款中特意设置一些免责条款，或者冗长难以阅读的条款、霸王条款等。例如，某知名门户网

站的隐私条款中将隐私定义为姓名、身份证号、联系方式、家庭住址，将其他个人数据排除在外，这实际是一种免责条款。

（二）企事业单位擅自披露及滥用个人信息

企事业单位通过软件服务获取用户个人信息后，信息收集方应当对所收集的信息采取保密措施，对外披露应当征得信息主体的授权或同意。擅自披露个人信息的情况在医院、银行、学校、房产公司、物业公司等企事业单位经常发生。例如，经营者对采集到的个人数据进行未经许可的二次开发利用，为细分市场、制定营销战略提供依据，进而实施对重点人群或重点客户的定向强制推销、大数据杀熟等行为，侵扰消费者生活安宁、损害消费者利益。但目前收集方究竟如何使用这些个人信息，是否存在信息倒卖、信息交换、过度挖掘等行为，用户完全不知，也无法掌控。

知识链接：大数据杀熟

（三）个人信息被拿到交易市场非法交易

目前，个人信息交易在我国法律地位模糊，处于监管缺失、约束缺位、权责不明的非规范阶段。相关法律规定，政府部门有一定的权力获得和使用所需信息数据，而企业获取和使用数据受到管制，我国刑法中设有"出售、非法提供公民个人信息罪"和"非法获取公民个人信息罪"。有些企业为了获取个人数据资源，采用非法手段和方法，如某些企业通过快递员购买消费者信息，通过电信员工购买电信用户信息，通过物业公司购买业主信息，等等。进行个人信息交易不仅使个人合法权益受到侵害，还影响整个社会的信用体系。

（四）个人信息收集方未尽到信息安全责任

大数据环境与传统网络环境相比，个人信息泄露的风险更大。当个人为享受某项互联网服务而提供了个人信息时，其对个人信息的控制立即丧失。信息收集方有义务加强信息安全防护，从制度上和技术上保证个人信息不被泄露。例如，在技术上防止病毒、黑客盗取信息，防止网络爬虫软件恶意爬取相关个人信息；在制度设计上，加强数据保护，防止内部员工将个人信息泄露或出售。

（五）个人对企业间个人信息纠纷没有发言权

客户资源、用户信息对企业的发展来说至关重要。近些年，某些企业为了占据市场，提升自己的竞争力，时常围绕用户数据的使用唇枪舌剑，但是作为数据所有者的用户却没有任何发言权。企业间个人信息之争，普遍暴露了当前个人信息安全存在的问题：一是个人信息被企业收集之后的交易和流通情况，用户完全不知；二是企业收集的个人信息，究竟谁能用，谁又不能用，作为主角的个人并没有发言权；三是个人信息被企业采集后进行开发利用，企业关心自身的利益是大于个人用户体验的。

三、大数据时代个人信息与隐私安全问题的成因

（一）法律法规不完善

法律法规是保护个人信息安全和隐私安全的重要工具，我国自 2013 年 9 月 1 日起施行了《电信和互联网用户个人信息保护规定》，自 2017 年 6 月 1 日起施行了《中华人民共和国网络安全法》，自 2020 年 10 月 1 日起施行了《信息安全技术个人信息安全规范》，自 2021 年 9 月 1 日起

微课视频 44：个人隐私安全成因与应对之策

又施行了《中华人民共和国数据安全法》。这些法律法规对个人信息保护做了大量规定，但仍然存在需要进一步完善的地方。一是方向性约束条款多，量化的、可操作的执行细则少，导致企业在条款落实上有很大打擦边球的空间，监管部门在执法上还有很大裁量空间。二是在互联网信息服务等各类互联网行业管理办法中，对个人信息保护的重视程度不够甚至未提及，导致行业主管部门在行业管理时，只注重业务的行业合规性，轻视对个人信息的保护。三是违法成本太低，处罚力度太小，几万元甚至几十万元的罚款处罚措施对大型互联网平台而言，其威慑力度严重不足。四是个人信息安全的适用性不足，没有满足公民的信息控制权需求，只能发挥出短期作用，无法适用多变的安全问题，远远不能达到长期保护公民的个人信息安全和隐私安全的目的。

（二）标准规范缺失

一是个人信息范围、权属和使用权限等标准缺失，尤其是针对网络平台和大数据挖掘情况下，个人信息的界定和使用没有统一的国家标准或行业标准，致使很多个人信息开发利用处在灰色地段。二是个人信息采集、存储、清洗、使用等环节的操作流程、业务规范、防护要求等没有统一标准，导致企业在个人信息开发、利用、保护等环节缺乏合规合法对标尺度，个人信息滥采和滥用现象十分严重，风险隐患较大。三是缺乏个人信息开发利用负面清单制度，导致许多企业在个人信息采集、开发、利用和保护中，都是以试探政府和社会反应为依据来推进个人信息开发利用的创新，企业业务创新风险极大。四是缺乏统一、规范、标准的个人信息采集和使用用户承诺书，导致许多企业制定用户承诺书都是以企业利益最大化为目标，无限制强化自身权利，对个体保护自身信息安全极其不公平。

（三）安全防护措施薄弱

一是部分政府部门和企业在个人信息的采集、存储和使用中安全防护基础措施保障不到位，难以应对复杂网络、新技术应用、技术服务外包等各种条件下的个人信息保护需求。二是个人信息保护技术攻关研究和推广应用步伐滞后，尤其是针对移动互联网、云计算、

大数据、物联网、人工智能等条件下，个人信息保护技术支撑能力不足，技术存在不成熟、未体系化等系列问题。三是政府和企业信息系统及网络平台个人信息保护制度不完善，网络、技术、人员、外包等多个环节制度不健全、不系统、不精细，个人信息泄露和滥用风险极大。四是个人信息保护透明度不高，政府部门和企业对个人信息开发、利用和保护等工作主动披露意识不强。

（四）政府监督检查手段滞后

一是政府监督检查手段滞后，技术支持保障能力不足，传统线下检查手段难以应对数字化、网络化和在线化服务中个人信息采集和使用监管需要。二是针对含有大量个人信息的信息系统和网络平台，缺乏专业性、系统性、针对性的个人信息保护测评和个人信息等级保护制度。三是尚未依据个人信息内容和规模实行分级分类使用许可制度，导致不具备安全防护和风险管控能力，以及采集和使用个人信息的机构没有规范采集和使用流程，风险隐患极大。

（五）行业自律尚未发挥作用

一是在技术研发、应用推广等方面致力推动企业发展的联盟很多，但是约束企业行为的个人信息保护行业自律联盟缺乏，尽管有政府部门牵头少量企业参与，但重点企业的积极性和主动性不足。二是缺乏个人信息保护行业自律公约，重点企业和重点行业在个人信息保护方面的引导和示范作用尚未发挥。三是缺乏个人信息保护行业自律发展水平评估，行业个人信息保护状态缺乏摸底评估，大量企业个人信息保护透明度不高。

（六）公民自我保护意识不强

公民是个人信息的拥有者，需要保护好个人信息与隐私，但是大数据背景下，许多公民没有意识到个人信息与隐私保护的重要性，个人信息与隐私保护意识不强，导致个人信息被泄露，威胁到了自身的财产安全和生命安全。这主要表现在以下三个方面。一是公民的网络操作水平和网络技术水平较低。公民不能利用技术手段来保护个人信息安全，难以抵抗网络中的各种危险，其中最常出现个人信息安全问题的就是学生和老年人。经调查发现，这两类人群发生信息安全泄露事件的概率相比其他人群来说要高两倍以上。二是公民对个人信息的重视程度不高。公民只有在财产或生命受到威胁时，才会意识到个人信息泄露的危害，这就错过了个人信息保护的重要时期。三是公民的错误上网行为过多。有些公民在上网时喜欢浏览非法网站，或者下载非法软件，这就给病毒和黑客留下了窃取个人信息的通道。

四、大数据时代如何保护个人信息和隐私安全

在大数据时代可以从以下几个方面加强个人信息安全和隐私保护。

（一）从国家法制层面进行管控

随着各国对大数据安全重要性认识的不断加深，包括美国、英国、澳大利亚、欧盟和我国在内的很多国家和组织都制定了大数据安全相关的法律法规和政策来推动大数据利用和安全保护。

近年来，我国连续颁布实施了《中华人民共和国网络安全法》《信息安全技术个人信息安全规范》《中华人民共和国数据安全法》等法律，其主要内容包括个人信息及其相关术语基本定义，个人信息安全基本原则，个人信息收集、保存、使用、处理等流转环节，以及个人信息安全事件处置和组织管理要求等。对于厘清隐私保护的边界及个人信息的归属权问题，我国初步建立起对隐私保护的三层立法模式。

第一层，自然人的姓名、身份证件号码、电话号码等敏感的身份信息属于法律保护最高等级，任何人触犯都将受到刑事法律最严格的处罚。未经用户允许不得采集、使用和处理具有可识别性的身份信息。

第二层，对除个人身份信息之外的不可识别的数据信息，按照商业规则和惯例，以"合法性、正当性和必要性"的基本原则进行处理。

第三层，明确个人数据控制权，保证用户充分享有对自己数据的知情权、退出权和控制权。《网络安全法》明确规定数据控制权是人格权的重要基础性权利。

从国家法制层面来讲，为顺应大数据的发展趋势，还需要进一步细化和完善个人信息安全的各项法律，出台相应的细化标准与更有力的措施。

（二）从政府监管层面进行监督

政府应出台个人信息保护相关操作指南，明确个人信息采集、存储、传输、清洗、利用等环节的资质要求、操作流程、业务规范、管理要求、防护措施等；建立政府个人信息保护治理网络平台，采用网络监测、大数据挖掘、人工智能分析等各类手段，加强网络个人信息采集、传输、开发和利用全方位在线监测。明确个人信息范围、种类和权属，特别要明确互联网服务平台、大数据挖掘分析、大数据交易流通、政务信息资源共享、公共信息资源开放等情况下个人信息内容和权属的界定办法。规范互联网服务用户同意承诺书，制定统一的企业个人信息收集和使用用户同意承诺书通用模板，统一明确企业必要的权责，最大限度规范和约束企业个人信息开发利用行为。加强对重点领域、重点企业、重点网络平台的个人信息开发、利用、保护定期检查，对存储大规模个人信息的信息系统和网络平台周期性地开展第三方安全测评，对测评不达标的信息系统和网络平台及时采取整改或清

理措施。实施个人信息应用等级保护制度，依据个人信息存储规模、系统平台重要性等指标，采取不同安全等级防护措施要求。实施个人信息使用分级分类认证制度，依据个人信息内容性质和信息规模，采取分级分类使用许可制度，对不同级别个人信息和不同分类用户群体，提出相应的个人信息采集和应用防护措施要求。

（三）从企业端源头进行遏制

几乎所有行业都需要面对数据安全与数据隐私的问题，特别是电商、健康医疗、教育、通信等领域，这些行业企业直接面对客户端人群，对于个人隐私和数据安全等问题的处理更加敏感。企业是个人数据搜集、存储、使用、传播的主体，因此要从企业端进行遏制、规范。除了要遵循国家法律法规的约束，企业应积极采取措施加强和完善对个人数据的保护。

很多企业正在通过技术手段实现对数据安全和隐私的保护。为应对大数据应用服务过程中数据滥用和个人隐私安全风险，其大数据安全保障体系涉及安全策略、安全管理、安全运营、安全技术、合规评测、服务支撑等六大体系，在对用户个人信息的各个处理环节施行严格规定与落实；同时通过大数据安全管理平台，实现数据的统一认证、集中细粒度授权、审计监控、数据脱敏及异常行为检测告警，可对数据进行全方位安全管控，做到事前可管、事中可控、事后可查。

尽管很多企业在技术平台和数据应用上都面临着许多实现难题，如传统安全措施难以适配、平台安全机制亟待改进、应用访问控制愈加复杂，或者数据安全保护难度加大、个人信息泄漏风险加剧、数据真实性保障更加困难、数据所有者权益难以保障等问题，但目前，这些以科技为先的企业，不仅对数据的规范使用越加重视，还对网络安全的潜在威胁反应越来越敏捷。

（四）提高个人意识，应用安全技术

提升公民个人信息与隐私保护意识是防止个人信息泄露的前提，也是保护公民个人信息与隐私安全的必要举措。生活在大数据下的每一个人，应做好以下三个方面的工作。一是提高网络操作水平和网络技术水平。公民要能够使用技术手段来保护个人信息安全，同时利用法律来维护自己的合法权益，追究犯罪分子的法律责任，抵抗网络中的各种危险，尤其是学生和老年人。二是提高对个人信息与隐私的重视程度。公民要重视个人信息与隐私，要知道个人信息和隐私泄露所带来的种种危害，自觉保护个人信息安全和隐私安全，在信息泄露初期及时阻止违法行为，保护自己的财产安全和生命安全。三是改变自己的上网习惯。公民在上网时要浏览正规网站，下载正规软件，避免不法分子通过网络窃取公民个人信息，同时在手机和计算机上要安装防御软件，如电脑管家、手机管家等，并且要定期杀毒，确保电子设备的安全性，保护信息数据安全。

学习感悟

在互联网时代，个人信息与隐私安全尤其应受到关注，如何才能有效做到个人信息与隐私安全呢？从国家法律层面来讲，为了顺应大数据时代的发展趋势，应进一步细化和完善对个人信息安全的立法，出台相应的细化标准与措施。从企业层面来讲，企业是个人数据搜集、存储、使用、传播的主体，因此要从企业端进行遏制、规范。除了要遵循国家法律法规的约束，企业应积极采取措施加强和完善对个人数据的保护，不能过度收集个人数据，避免因个人数据的不当使用和泄露而对多方造成损失。从个人层面来讲，生活在大数据下的每个人，都应该主动去学习这方面的知识，了解大数据时代下可能存在的关于个人信息泄露的风险，从而学会如何去保护自己的信息不被泄露，同时加强个人日常生活中的安全意识。

任务实训

1. 在线测试：关注个人信息与隐私安全。

2. 案例分析：结合以下案例内容资料分析大数据时代如何保护个人信息？

疫情防控常态化下的个人信息保护

疫情发生以来，许多人在不同场所被收集了个人信息，如在小区、公交、酒店、药店、饭店等公共场合，都要求手机扫码或手动填单。如何处理这些数据，成了舆论热议的话题。

随着我国疫情防控进入常态化，大数据在赋能疫情防控的同时，也引发了一些数据应用超出边界的担忧。2020年5月，杭州市卫生健康委召开全市卫健系统深化杭州健康码常态化应用工作部署会，提出通过集成电子病历、健康体检、生活方式管理的相关数据，在关联健康指标和健康码颜色的基础上，探索建立个人健康指数排行榜；通过大数据对楼道、社区、企业等健康群体进行评价。此举引发公众担忧。有网民认为，当个人病历、生活方式等多维度的信息被收集，一旦被泄露或滥用，对个人带来的风险巨大。健康码作为特殊时期的应急做法，理应具有暂时性、边界性、可恢复性等特征，在疫情防控常态化后，有关部门是否有必要继续收集个人信息，还需要进一步征求个人意见，凝聚社会共识。

全国两会期间，不少代表委员就健康码的信息去留问题提出了建议和意见，全国人大代表、全国人大社会建设委员会副主任委员任贤良建议，防疫期间采取的一些特殊措施，不能没完没了地延续下去。疫情结束后，有关部门应当对收集的个人信息进行封存、销毁。全国政协常委、国务院参事甄贞建议，应当建立公民个人信息定期清理机制，参照档案保存的管理模式，明确疫情防控期间收集的不同类别个人信息的保管期限，对于期限届满的个人信息，由相关负责人员及时运用删除数据库、销毁纸质文档等方式予以清除，降低信息保管成本和泄露风险。

任务评价

评价类目	评价内容及标准	分值	自己评分	小组评分	教师评分
学习态度	✓ 全勤（5分） ✓ 遵守课堂纪律（5分）	10分			
学习过程	➤ 能够说出本任务的学习目标，上课积极回答问题（5分） ➤ 能够回答大数据时代个人信息安全问题（5分） ➤ 能够分析回答大数据时代个人信息安全问题的成因（5分） ➤ 能够针对个人信息和隐私安全提出应对策略（5分）	20分			
学习结果	◆ "在线测试"选择题和判断题的考评（3分×10=30分） ◆ 案例总结分析个人信息保护的考评（40分）	70分			
合　计		100分			
所占比例		—	30%	30%	40%
综合评分					

任务三　关注大数据带来的国家信息安全问题

任务清单

工作任务	关注大数据带来的国家信息安全问题	教学模式	任务驱动
建议学时	2课时	教学地点	多媒体教室
任务描述	大数据不仅是信息技术的革命，还在全球范围内给政治、经济、军事、文化等各个领域带来了深刻的变革，其对国家信息安全的影响，也逐渐成为各国关注的焦点。那么，大数据给国家信息安全带来的挑战有哪些呢？大数据安全的保护原则是什么？我们应该如何应对大数据时代国家信息安全的挑战呢		
任务目标	● 掌握大数据给国家信息安全带来了哪些挑战； ● 掌握大数据安全保护原则； ● 理解和熟悉应对大数据时代国家信息安全挑战的对策和建议； ● 能分析大数据国家信息安全问题的成因； ● 能贯彻落实国家关于大数据国家信息安全的政策法规； ● 能站在国家信息安全的角度正确使用大数据； ● 具备高度的国家信息安全的防范意识		
关键词	国家信息安全、信息安全、大数据安全挑战、大数据安全保护		

■■ 知识必备

一、大数据给国家信息安全带来的挑战

大数据的快速发展，如一柄双刃剑，在给我们提供巨大机遇的同时，严重威胁着国家信息安全，因此我们既要认识到其积极作用，又要防范有可能产生的负面效果。具体来说，大数据在以下几个方面对国家信息安全带来了挑战。

微课视频 45：大数据带来国家信息安全挑战、应对之策

（一）数据的草根性带来的挑战

在大数据时代，可以说每个人都是数据的制造者、数据的传递者、数据的获取者，数据的草根性显而易见。当今社会，公众通过各类移动互联设备，可以随时随地表达民意、反映舆情、传播观点。由于数据信息发布门槛低、传播面广，数据空间高度自由化和虚拟化，这就成了一些别有用心的人发布反动信息、散布谣言、进行政治文化渗透等活动的工具，极端情况下甚至会引起社会动荡。同时，这种数据的草根性会削弱执政者对数据的掌控能力，给执政者的监督和管理造成了很大的困难。在数据的海洋中鱼龙混杂，各种不良信息混入，给社会公众造成了巨大的负面影响，给国家信息安全带来了挑战。

（二）传播的即时性带来的挑战

大数据时代的数据不受时间和空间的限制，可实时产生和传播。因此，各种现象的出现、事件的发生、信息的发布都会在第一时间传播给公众。同样地，公众在接收到这些数据后所做出的反应，也能够第一时间呈现在庞大的数据洪流中。这种数据传播的即时性在大大提高信息传播效率的同时，增加了处理公共危机的成本，考验着政府的危机应急能力。

数据传播的即时性会造成信息的迅速蔓延，局部事件、个别现象会迅速成为公众关注的焦点。当食品、居住、疫情等这些与老百姓的日常生活息息相关的安全信号出现的时候，公众在自身利益的推动下，不可避免地主动寻求种种信息获取的渠道，而网络、手机媒体等传播方式都为公众获取信息提供了广阔的渠道。这些事件在事前往往没有预兆，事中传播快捷，事后很难认定责任主体，对政府的公共危机应急能力提出了挑战。

（三）技术的先进性带来的挑战

在大数据先进的技术面前，国家机密也存在着泄露和被窃取的巨大风险。进入大数据时代后，由于海量数据与科学技术的依附更加紧密，某些西方国家利用其技术优势和对高科技的垄断，变本加厉地将世界纳入它们的监控范围，技术手段成为各国之间情报战的主要手段。利用先进的科学技术保护本国机密的同时获取他国情报信息，成为维护本国国家安全的一个重要手段，也是各个国家情报机构不断努力的方向。

（四）数据的无边界性带来的挑战

大数据时代的数据已经超脱了传统意义上数据的范畴，数据的产生、传播和利用是高度自由化的，它突破了传统国家边界的限制。数据的开放性和全球性，无形中对个体起到了一定强化作用，在一定程度上淡化了传统的国家和民族意识，进而分解着长久以来建立在国家意识上的国家主权统一的观念。数据的无边界性，使得大数据时代的国家主权越来越相对化。一方面，数据的开放性和自由化，大大降低了政府对数据行为的管控能力，影响了国家对内管理权的实行，甚至国家的某些决策在一定程度上还受到大数据的影响。另一方面，数据的无边界性和全球化，使得当今时代各个国家之间相互依赖、相互渗透，任何一个国家都不可能在处理自己内政外交事务时做到完全的独立自主。数据的无边界性造成的国家意识的淡化和国家主权的相对化，也给国家安全带来了严重的威胁。

二、大数据安全保护原则

保护大数据，应该在"实现数据的保护"与"数据自由流通、合理利用"这二者之间寻求平衡。一方面，要积极制定规则，确认与数据相关的权利；另一方面，要努力构建数据平台，促进数据的自由流通和利用。大数据保护的基本原则包括数据主权原则、数据保护原则、数据自由流通原则和数据安全原则。

（一）数据主权原则

数据主权原则是大数据保护的首要原则。数据主权原则是指一个国家独立自主地对本国数据进行占有、管理、控制、利用和保护的权力。数据主权原则对内体现为一个国家对其政权管辖地域内任何数据的生成、传播、处理、分析、利用和交易等拥有最高权力，对外表现为国家有权决定以何种程序、何种方式参加到国际数据活动中，并有权采取必要措施保护数据权益免受其他国家侵害。

（二）数据保护原则

数据保护原则的主旨是确认数据为独立的法律关系客体，奠定构建数据规则的制度基础。在这一原则之下，数据的法律性质和法律地位得以明确，从而使数据成为一种独立利益而受到法律的确认和保护。具体而言，数据保护原则包含两个方面的含义：第一，数据不是人类的共同财产，数据的权属关系应该受到法律的调整，法律须确认权利人对数据的权利；第二，数据应该由法律进行保护，数据的流通过程须受到法律的保护，规范合理的数据流通不但能够确保数据的合理使用，而且能够促进数据的再生和再利用。

（三）数据自由流通原则

数据自由流通原则是指法律应该确保数据作为独立的客体能够在市场上自由流通，而不对数据流通给予不必要的限制。这一原则的含义主要体现在以下两个方面：一是促进数据自由流通，数据作为一种独立的生产要素，只有充分流通起来，才能够促进社会生产力的发展；二是反对数据垄断，对于那些利用数据技术优势阻碍数据自由流通的行为，应该予以坚决抵制。为了确保数据共享的顺利实现，要积极贯彻落实数据自由流通原则，如果数据自由流通受限，使数据的获取和使用出现严重的地区差异，则会影响到数据在全球范围的自由共享。

（四）数据安全原则

数据安全原则是指通过法律机制来保障数据的安全，以免数据面临遗失、不法接触、毁坏、利用、变更或泄露的危险。从安全形态上讲，数据安全包括数据存储安全和数据传输安全。从内容上讲，数据安全可分为信息网络的硬件、软件的安全，数据系统的安全和数据系统中数据的安全。从主体角度来看，数据安全可以分为国家数据安全、社会数据安全、企业数据安全和个人数据安全。具体而言，数据安全原则包括以下几个方面的含义：第一，保障数据的真实性和完整性，既要加强对静态存储的数据的安全保护，使其不被非授权访问、篡改和伪造，又要加强对数据传输过程的安全保护，使其不被中途篡改、不发生丢失和缺损等；第二，保障数据的安全使用，数据及其使用必须具有保密性，禁止任何机构和个人的非授权访问，仅为取得授权的机构和个人所获取和使用；第三，以合理的安全措施保障数据系统具有可用性，可以为确定合法授权的使用者提供服务。

三、应对大数据时代国家信息安全挑战的对策和建议

（一）树立安全理念

面对大数据时代的国家信息安全问题，首要的便是思想和理念上的转变。首先，要建立符合大数据要求的国家信息安全观念，建立"总体国家信息安全观"，把对具体安全因素的关注转移到战略层次的安全控制，把生存意义的安全管理转移到发展意义的国家信息安全。其次，要树立数据层面的边疆和主权意识。大数据时代的数据虽然具有全球化的特点，但是仍要承认数据的内容具有一定的归属，即归属于国家的范围之内，数据疆界虽然无形无质，但仍需要我们进行捍卫。除了领土、领海和领空的完整性，还应当保证数据疆界的完整性，这也是大数据时代国家主权的重要组成部分之一。再次，要将安全理念和意识进行普及。在数据普及的今天，所有的公众都可以轻易接触到国家信息安全相关的信息和数据，因此我们应当加大对国家信息安全的宣传与普及力度，使广大公众认识到国家信息安全问题的紧迫性和重要程度，从自身做起，自发地维护国家信息安全。

（二）落实安全政策

国家想要从容应对大数据所带来的挑战，除了树立正确的安全理念，还要依靠完善的国家信息安全政策。唯有健全的法律法规和机制政策才能保证国家信息安全的严格落实。首先，在法律法规方面，应当在《中华人民共和国网络安全法》《中华人民共和国数据安全法》等法律的基础上进一步完善，特别是完善量化的、可操作的执行细则，加大危害国家信息安全行为的惩罚力度，以减少或杜绝公众的相关敏感行为；其次，要构建有效的数据安全保障运行机制以保证大数据的健康发展，主要涉及数据安全的保障机制、数据运行的协调机制、突发事件的应对机制和后续发展的运行机制；再次，要注重相应法律和机制的具体落实情况，通过领导机构、目标责任制、合理评价和监督部门等手段相结合的方式来明确职责、加强监督和管理，使相关的法律法规和运行机制等具体措施落到实处。

（三）化解现实问题

当今国际形势和世界格局风云变幻，我国的经济社会发展也在变革之中。改革开放政策的实施逐渐度过平稳期后因社会矛盾凸显而渐生波澜，国家信息安全问题也日趋严峻。数据对国家信息安全的影响则表现在数据自身在某种程度上反应甚至放大了国家信息安全的现实影响因素。妥善应对大数据对国家信息安全带来的挑战，其实质是要化解影响国家信息安全的现实问题，特别是对社会自身问题的处理和解决。一方面要保证社会持续高效的和谐发展，确保经济发展、思想道德发展、政治体制发展、生态环境发展和科技文化发展协调一致，因为国家的发展方向和结果代表着国家信息安全的存在状态；另一方面要保证社会的公平和正义，目前我国的社会矛盾主要源自贫富差距过大、特权腐败现象猖狂、公共资源分配不均等极易引起公众不满的社会现象，这些现象甚至会诱发严重的群体性事件威胁到我国的社会稳定和国家信息安全。

（四）丰富科技底蕴

大数据时代的到来究其原因是科学技术发展所带来的必然的结果，因此提升我国大数据方面的科学技术水平是应对大数据时代所带来严峻挑战最为直接的办法。要提高大数据相关的科学技术水平，首先，要搭建适合科学技术发展的良好社会氛围和环境，具体可以通过政策支持、学研结合、政府采购等方式开展，引导社会形成良好的科学技术钻研环境；其次，要成立素质过硬的技术人才团队，具体可以通过人才培养、高效选拔、继续深造等方式培养出具有良好的政治素质、业务素质和专业技术知识的高端技术性人才，并且对社会中的技术人才进行网罗征调，争取打造出具有扎实技术背景的科研人才队伍；再次，要提高我国对科学技术的自主研发与创新能力，相比之下我国对外国的科技依赖程度更高，这就导致了数据的安全性存在一定的隐患，极有可能被监视和窃取。对科技底蕴的丰富除了要通过政策、教育和创新，还应从大数据自身入手，利用大数据为国家信息安全服务才能够在最大限度地利用大数据的同时，避免大数据可能带来的影响。

（五）配套关键技术

从数据安全防护的角度来说，大数据时代国家信息安全的防护需要从数据的收集、存储、传输、分析和处理等环节全面进行，这就要求我国需要在树立安全理念和落实安全政策的同时，大力发展相应关键技术的创新与发展，特别是对数据的存储传输与分析过程的防护，建立相应的数据安全防护体系，在做到数据安全保护的同时保证数据的开放与利用，在保证国家信息安全的前提下真切落实大数据所能带来的社会进步。因此，我国应当增强在大数据关键技术领域的研发速度，尤其在数据的存储传输和计算处理方面，更是需要关注的重中之重。

知识链接：我国信息安全产业现状、发展动力和趋势

学习感悟

大数据全球化、开放化的特点，使国家的"信息边疆"不断拓展和延伸。大数据安全和国家信息安全息息相关。自 2020 年以来，我国高度重视"新基建"和产业互联网建设。在消费互联网时代，大数据安全侧重保护消费者个人权益；在产业互联网时代；大数据安全涉及能源、交通、金融等社会经济的命脉，一旦数据安全有任何闪失，可能对全社会来说是一场巨大的灾难。因此，站在国家信息安全的角度来思考和研究大数据安全，已经成为一个紧迫而现实的挑战。没有大数据安全，就没有真正意义上的国家信息安全。

任务实训

1. 在线测试：关注大数据带来的国家信息安全问题。

2. 案例分析：上网搜索近几年有关大数据影响国家信息安全的案例，利用所学知识分析其对国家信息安全带来哪些挑战，谈谈应该如何应对？

任务评价

评价类目	评价内容及标准		分值	自己评分	小组评分	教师评分
学习态度	✓ 全勤（5分）		10 分			
	✓ 遵守课堂纪律（5分）					

续表

评价类目	评价内容及标准	分值	自己评分	小组评分	教师评分
学习过程	➤ 能够出本任务的学习目标，上课积极回答问题（5分） ➤ 能够回答大数据对国家信息安全带来哪些挑战（5分） ➤ 能够回答大数据安全保护原则（5分） ➤ 能够理解和回答应对大数据国家信息安全的对策和建议（5分）	20分			
学习结果	◆ "在线测试"选择题和判断题考评（3分×10=30分） ◆ 案例总结分析大数据国家信息安全的考评（40分）	70分			
合　计		100分			
所占比例		—	30%	30%	40%
综合评分					

项目总结

通过本项目，学生应该掌握的理论知识如下。

（1）数据安全的概念。

（2）传统数据安全的特点，大数据安全的新特征。

（3）大数据安全的常见问题，大数据安全常用的技术。

（4）个人信息与隐私安全问题、成因及其应对策略。

（5）大数据给国家信息安全带来的挑战及其应对策略。

通过本项目，学生应该掌握的技能如下。

（1）能够分析个人信息安全和隐私保护相关案例，提升个人隐私保护能力。

（2）能够分析大数据国家信息安全相关案例，提高国家信息安全意识。

（3）能够合法、合规、安全使用大数据。

复习与巩固

1．阐述大数据安全与传统数据安全相比的新特征。

2．分析大数据环境下的安全问题主要包括哪些方面。

3．阐述如何进行个人隐私保护。

4．大数据安全技术有哪些？

5．大数据给国家信息安全带来哪些挑战？

6．上网查询并收集我国主要有哪些数据安全法规和政策？

参考文献

[1]　林子雨.大数据导论[M].北京：高等教育出版社，2020.

[2]　余战秋，蔡政策，钱春阳.大数据导论[M].北京：电子工业出版社，2019.

[3]　何明，何红悦，罗玲.大数据导论[M].北京：电子工业出版社，2019.

[4]　魏苗，陈述.大数据分析导论[M].北京：电子工业出版社，2019.

[5]　练金，苏重来.大数据基础与实务[M].北京：高等教育出版社，2021.

[6]　姚培荣.大数据基础[M].北京：中国人民大学出版社，2021.

[7]　孟宪伟，许桂秋.大数据导论[M].北京：人民邮电出版社，2019.

[8]　罗倩倩.FineBI数据可视化分析[M].北京：电子工业出版社，2021.

[9]　王华新，屈岩岩，陈凯.商务数据分析基础及应用[M].北京：人民邮电出版社，2021.

[10]　曹杰，李树青.电子商务大数据分析[M].北京：高等教育出版社，2020.

反侵权盗版声明

　　电子工业出版社依法对本作品享有专有出版权。任何未经权利人书面许可，复制、销售或通过信息网络传播本作品的行为；歪曲、篡改、剽窃本作品的行为，均违反《中华人民共和国著作权法》，其行为人应承担相应的民事责任和行政责任，构成犯罪的，将被依法追究刑事责任。

　　为了维护市场秩序，保护权利人的合法权益，我社将依法查处和打击侵权盗版的单位和个人。欢迎社会各界人士积极举报侵权盗版行为，本社将奖励举报有功人员，并保证举报人的信息不被泄露。

举报电话：（010）88254396；（010）88258888

传　　真：（010）88254397

E-mail：　dbqq@phei.com.cn

通信地址：北京市万寿路 173 信箱
　　　　　电子工业出版社总编办公室

邮　　编：100036